U0213703

高等职业教育系列教材

光伏发电技术及应用

廖东进　房庆圆　闫树兵　编著
桑宁如　静国梁　主审

机械工业出版社

本书从光伏发电系统应用技能要求出发，内容包括太阳能资源获取、光伏电池组件及方阵容量设计、储能技术、光伏直流控制设备、光伏交流控制设备以及典型光伏发电系统设计等。读者通过对本书的学习，能够掌握光伏发电系统组成、太阳能辐射量获取、光伏组件特性、光伏支架结构、铅酸蓄电池容量设计等知识，以及光伏控制器、直流汇流箱、光伏逆变器、交直流配电柜、升压变压器、光伏线缆、光伏接地防雷系统等部件的选配方法；掌握离网光伏发电系统、并网光伏发电系统的工作原理和系统设计。本书配备了相关的习题，以强化读者对相关知识的掌握程度。

本书可以作为高等职业院校光伏发电相关专业学生的专业基础课教材，也可作为相关光伏发电技术培训班的教学用书。

本书配有电子课件，需要的教师可登录 www.cmpedu.com 免费注册，审核通过后下载，或联系编辑索取（QQ：1239258369，电话：010-88379739）。

图书在版编目（CIP）数据

光伏发电技术及应用/廖东进，房庆圆，闫树兵编著. —北京：机械工业出版社，2020.5（2023.8 重印）

高等职业教育系列教材

ISBN 978-7-111-66058-3

Ⅰ.①光⋯ Ⅱ.①廖⋯ ②房⋯ ③闫⋯ Ⅲ.①太阳能光伏发电-高等职业教育-教材 Ⅳ.①TM615

中国版本图书馆 CIP 数据核字（2020）第 120671 号

机械工业出版社（北京市百万庄大街22号　邮政编码100037）

策划编辑：和庆娣　责任编辑：和庆娣　李晓波

责任校对：张　征　责任印制：单爱军

北京虎彩文化传播有限公司印刷

2023 年 8 月第 1 版第 4 次印刷

184mm×260mm · 11 印张 · 271 千字

标准书号：ISBN 978-7-111-66058-3

定价：45.00 元

电话服务　　　　　　　网络服务

客服电话：010-88361066　机 工 官 网：www.cmpbook.com

　　　　　010-88379833　机 工 官 博：weibo.com/cmp1952

　　　　　010-68326294　金 书 网：www.golden-book.com

封底无防伪标均为盗版　机工教育服务网：www.cmpedu.com

高等职业教育新能源专业系列教材
编委会成员名单

前　言

党的二十大报告指出，推出经济社会发展绿色化、低碳化是实现高质量发展的关键环节。光伏发电作为利用太阳能的重要方式，已经得到世界各国的普遍关注。在国际市场的带动下，我国光伏产业发展迅速，2015 年新增装机量 1513 万 kW，2016 年新增 3454 万 kW，2017 年新增 5232 万 kW，2018 年新增 4426 万 kW，2019 年新增 3011 万 kW，累计装机达到 20430 万 kW，全年发电量 2243 亿 kW·h，约占全国用电量的 3.1%，提前一年完成"十三五"规划的装机任务，成为我国的第四大发电能源。

本书从光伏发电系统应用技能要求出发，分为 6 个项目，内容包括太阳能资源获取、光伏电池组件及方阵容量设计、储能技术、光伏直流控制设备、光伏交流控制设备以及典型光伏发电系统设计等内容。

本书由廖东进、房庆圆、闫树兵编写，其中项目 1、2、3 由衢州职业技术学院廖东进编写，项目 4、5、6 由山东理工职业学院房庆圆、闫树兵编写。全书由廖东进统稿，由浙江瑞亚能源科技有限公司桑宁如和山东理工职业学院静国梁主审。

本书在编写过程中得到了浙江瑞亚能源有限公司易潮、陆胜洁、王水钟等人的大力支持和帮助，在此表示衷心的感谢。

本书在编写中参考了不少书刊和文章，在此向其作者致以谢意。

由于编者水平有限，书中难免存在疏漏和不足之处，恳请读者批评指正。

编　者

目　　录

项目 1 太阳能资源获取

【项目描述】

我国是太阳能资源丰富的国家之一，全国总面积 2/3 以上的地区年日照时数大于 2000h，年辐射量在 5000MJ/m² 以上。光伏发电系统主要分为离网光伏发电系统和并网光伏发电系统。光伏发电系统的发电量与当地的太阳资源（辐射量）直接相关。本章内容主要掌握我国太阳能资源分布情况以及太阳能资源获取方法，对光伏电站开发具有重要意义。

【知识目标】

1. 掌握离网光伏发电系统和并网光伏发电系统的组成，熟悉系统各部件的功能。

2. 了解全球太阳能资源分布情况，掌握我国太阳能资源分布情况以及太阳能资源获取方法。

3. 掌握太阳能辐射量的测量方法以及辐射量参数转化方法。

4. 掌握光伏发电系统结构及其最佳倾斜角的设置方法。

1.1 光伏发电系统认知

1.1.1 光伏产业现状

【任务说明】

太阳能属于可再生能源的一种，具有储量大、清洁无污染、就地可取等特点，因此成为目前人类可利用能源的最佳选择之一。本节主要分析光伏产业现状，掌握光伏发电应用场合、光伏发电特点以及光伏发电产业前景。

【任务实施】

1. 光伏发电应用场合

当前太阳能光伏发电主要应用领域如下。

1）通信领域的应用。主要包括无人值守微波中继站、光缆通信系统及维护站、移动通信基站、广播、通信以及无线寻呼电源系统、卫星通信和卫星电视接收系统、农村程控电话、载波电话光伏系统、小型通信机、部队通信系统等。

2）公路、铁路、航运等交通领域的应用。如铁路和公路信号系统，铁路信号灯，交通警示灯、标志灯、信号灯，公路太阳能路灯，太阳能道钉灯、高空障碍灯，高速公路监控系统，高速公路、铁路线无线电话亭，无人值守道班供电，航标灯灯塔和航标灯电源等。

3）石油、海洋、气象领域的应用。如石油管道和水库闸门阴极保护太阳能电源系统、石油钻井平台生活及应急电源、海洋检测设备、气象和水文观测设备、观测站电源系统等。

4）农村和边远无电地区的应用。在高原、海岛、牧区、边防哨所等农村和边远无电地区应用太阳能光伏户用系统、小型风光互补发电系统等解决了日常生活的用电问题，如照明、电视、收录机、DVD、卫星接收机等的用电，也解决了手机、手电筒等随身小电器充电的问题，发电功率大多在几瓦到几百瓦之间。应用1~5kW的独立光伏发电系统或并网发电系统作为村庄、学校、医院、饭馆、旅社、商店等的供电系统。应用太阳能光伏水泵，解决了无电地区的深水井抽水、农田灌溉等用电问题。另外还有太阳能喷雾器、太阳能电围栏、太阳能黑光灭虫灯等应用。

5）太阳能光伏照明方面的应用。太阳能光伏照明包括太阳能路灯、庭院灯、草坪灯、太阳能景观照明、太阳能路标标牌、信号指示、广告灯箱照明等。还有家庭照明灯具及手提灯、野营灯、登山灯、垂钓灯、割胶灯、节能灯、手电等。

6）大型光伏发电系统（电站）的应用。大型光伏发电系统（电站）是10kW~200MW的地面独立或并网光伏电站、风光（柴）互补电站、各种大型停车场充电站等。

7）太阳能光伏建筑一体化并网发电系统。将太阳能发电与建筑材料相结合，充分利用建筑的屋顶和外立面，使得大型建筑能实现电力自给、并网发电等。

8）太阳能电子商品及玩具的应用。包括太阳能收音机、太阳能时钟、太阳能帽、太阳能充电器、太阳能手表、太阳能计算器、太阳能玩具等。

9）其他领域的应用。包括太阳能电动汽车、太阳能电动自行车、太阳能游艇、太阳能电池充电设备、太阳能汽车空调、太阳能换气扇、太阳能冷饮箱等；还有太阳能制氢加燃料电池的再生发电系统，海水淡化设备太阳能供电系统，卫星、航天器、空间太阳能电站等。

光伏发电应用案例如图1-1所示。

图1-1　光伏发电应用案例

2. 光伏发电特点

太阳能光伏发电过程简单，没有机械转动部件、不消耗燃料、不排放包括温室气体在内的任何物质、无噪声、无污染。太阳能资源分布广泛且取之不尽、用之不竭，与风力发电和生物质能发电等新型发电技术相比，光伏发电是最具可持续发展特征（丰富的资源和洁净的发电过程）的可再生能源发电技术之一。

光伏发电的缺点主要体现在能量密度低、占地面积大、转换效率低、间歇性工作、受气候环境因素影响大、地域依赖性强、系统成本高、晶体硅电池的制造过程高能耗等。

尽管太阳能光伏发电存在上述不足，但是随着解决能源问题越来越迫切，大力开发可再生能源将是解决能源危机的主要途径。近年来我国相继出台了一系列鼓励和支持太阳能光伏产业的政策法规，这将极大地促进太阳能光伏产业的发展，光伏发电的技术和应用水平也将会不断地提高，我国光伏发电产业的前景将会十分广阔。

3. 光伏发电产业前景

回顾100年间能源工业的发展历史，人类正在消耗地球通过50万年积累的有限能源资源——煤和石油。虽然极大地解放了生产力，但同时也向人类敲响了常规能源正面临枯竭的警钟。根据有关资料显示，人类已确知的石油储备将只能用40余年，天然气60余年，煤大约200年。另外，以化石能源为主体的能源结构，对人类环境的破坏是显而易见，每年排放的二氧化碳达210万吨，并呈逐年上升的趋势，从而造成冰雪消融、冰川退缩、全球气候变暖等环境问题。能源短缺和环境保护是21世纪经济和能源领域最重要的课题之一。因此，目前国际上对太阳能资源的利用已经十分重视了。

1954年贝尔实验室的第一块单晶硅太阳能电池面世，为世界能源提供了一个新的希望。20世纪70年代以来，世界上许多国家掀起了开发利用太阳能和可再生能源的热潮。利用太阳能发电的光伏发电技术已被用于许多需要电源的场合。上至航天器，下至家用电源；大到兆瓦级电站，小到儿童玩具，光伏电源无处不在。

由于太阳能光伏发电的诸多优点，其研究开发、产业化制造技术及市场开拓已经成为当今世界各国，特别是发达国家激烈竞争的主要热点。

目前我国已经形成成熟且具有竞争力的光伏产业链，在国际上处于领先地位。2015~2019年，我国新增和累计光伏装机容量保持全球第一。2015年全年新增装机量1513万kW，累计装机容量4318万kW，全年发电量392亿kW·h；2016年全年新增装机量3454万kW，累计装机容量7742万kW，全年发电量662亿kW·h；2017年全年新增装机量5232万kW，累计装机容量12974万kW，全年发电量1182亿kW·h；2018年全年新增装机量4426万kW，累计装机容量1.74亿kW，全年发电量1775亿kW·h；2019年全年新增装机量3011万kW，累计装机容量20430万kW，全年发电量2243亿kW·h，提前一年完成"十三五"规划的装机任务，成为我国第四大发电能源。光伏发电年增装机量及年发电量如图1-2所示。

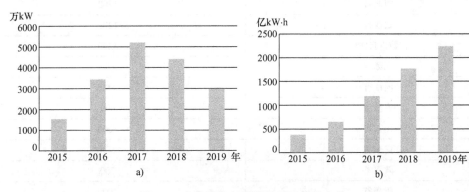

图1-2　光伏发电年增装机量及年发电量

a）年增装机量　b）年发电量

4. 我国太阳能"十三五"规划

近年来，太阳能开发利用的规模快速扩大，技术进步和产业升级加快，成本显著降低，已成为全球能源转型的重要领域。"十二五"时期，我国光伏产业体系不断完善，技术进步显著，光伏制造和应用规模均居世界前列。太阳能热发电技术的研发及装备制造取得较大进展，已建成商业化试验电站，初步具备了规模化发展的条件。太阳能热利用持续稳定发展，并向建筑供暖、工业供热和农业生产等领域扩展应用。

"十三五"将是太阳能产业发展的关键时期，基本任务是产业升级、降低成本、扩大应用。实现不依赖国家补贴的市场化自我持续发展，成为实现 2030 年非化石能源分别占一次能源消费比重 20% 目标的重要力量。

"十三五"期间，我国太阳能产业的发展目标是：继续扩大太阳能利用规模，不断提高太阳能在能源结构中的比重，提升太阳能技术水平，降低太阳能利用成本，完善太阳能利用的技术创新和多元化应用体系，为产业健康发展提供良好的市场环境。

（1）开发利用目标

到"十三五"末，太阳能发电装机达到 1.1 亿 kW 以上，其中，光伏发电装机达到 1.05 亿 kW 以上，在"十二五"的基础上每年保持稳定的增长规模；太阳能热发电装机达到 500 万 kW。太阳能热利用集热面积达到 8 亿 m^2。到 2020 年，太阳能年利用量达到相当于 1.4 亿 t 标准煤以上。表 1-1 为"十三五"太阳能利用主要指标，表 1-2 为重点地区"十三五"末光伏发电建设规模。

表 1-1 "十三五"太阳能利用主要指标

指标类别	主要指标	2015 年	2020 年
装机容量指标/万 kW	光伏发电	4318	10500
	光热发电	1.39	500
	合计	4319	11000
发电量指标/亿 kW·h	总发电量	396	1500
热利用指标/亿 m^2	集热面积	4.42	8

表 1-2 重点地区"十三五"末光伏发电建设规模

重点地区	建设规模/万 kW
河北省	1200
山西省	1200
内蒙古自治区	1200
江苏省	800
浙江省	800
安徽省	600
山东省	1000
广东省	600
陕西省	700
青海省	1000
宁夏回族自治区	800

（2）成本目标

在光伏发电成本上，到"十三五"末，光伏发电电价在 2015 年基础上下降 50% 以上，在用电侧实现平价上网目标；太阳能热发电成本低于 0.8 元/kW·h；太阳能供暖、工业供热具有市场竞争力。

（3）技术进步目标

先进晶体硅光伏电池产业化转换率达到 23% 以上，薄膜光伏电池产业化转换率显著提高，若干新型光伏电池初步产业化。光伏发电系统效率显著提升，实现智能运维。太阳能热发电效率实现较大提高，形成全产业链集成能力。

5. "十三五"光伏发电产业发展主要路径

大力推动光伏发电多元化应用，积极推进太阳能热发电产业化发展，加速普及多元化太阳能热利用。

（1）推进分布式光伏和"光伏+"应用

1）大力推进屋顶分布式光伏发电。

继续开展分布式光伏发电应用示范区建设。到"十三五"末建成 100 个分布式光伏应用示范区，园区内 80% 的新建建筑屋顶、50% 的已有建筑屋顶安装光伏发电设备。在具备开发条件的工业园区、经济开发区、大型工矿企业以及商场学校医院等公共建筑，采取"政府引导、企业自愿、金融支持、社会参与"的方式，统一规划并组织实施屋顶光伏工程。在太阳能资源优良、电网接入消纳条件好的农村地区和小城镇，推进居民屋顶光伏工程，结合新型城镇化建设、旧城镇改造、新农村建设、易地搬迁等统一规划建设屋顶光伏工程，形成若干光伏小镇、光伏新村。

2）拓展"光伏+"综合利用工程。

鼓励结合荒山荒地和沿海滩涂综合利用、采煤沉陷区等废弃土地治理、设施农业、渔业养殖等方式，因地制宜地开展各类"光伏+"应用工程，促进光伏发电与其他产业有机融合，通过光伏发电为土地的增值利用开拓新途径。探索各类提升农业效益的光伏农业融合发展模式，鼓励结合现代高效农业设施建设光伏电站；在水产养殖条件好的地区，鼓励利用坑塘水面建设渔光一体的光伏电站；在符合林业管理规范的前提下，在宜林地、灌木林、稀疏林地合理布局林光互补光伏电站；结合中药材种植、植被保护、生态治理工程，合理配建光伏电站。

3）创新分布式光伏应用模式。

结合电力体制改革，开展分布式光伏发电市场化交易，鼓励光伏发电项目靠近电力负荷建设，接入中低压配电网实现电力就近消纳。各类配电网企业应为分布式光伏发电接入电网运行提供服务，优先消纳分布式光伏发电量，建设分布式发电并网运行技术支撑系统并组织分布式电力交易。推行分布式光伏发电项目向电力用户市场化的售电模式，向电网企业缴纳的输配电价按照促进分布式光伏就近消纳的原则合理确定。

（2）优化光伏电站布局并创新建设方式

1）合理布局光伏电站。

综合考虑太阳能资源、电网接入、消纳市场和土地利用条件及成本等，以全国光伏产业发展目标为导向，安排各省（区、市）光伏发电年度建设规模，合理布局集中式光伏电站。规范光伏项目分配和市场开发秩序，全面通过竞争机制实现项目优化配置，加速推动光伏技术进步。在弃光限电严重地区，严格控制集中式光伏电站建设规模，加快解决已出现的弃光限电问题，采取本地消纳和扩大外送相结合的方式，提高已建成集中式光伏电站的利用率，降低弃光限电比例。

2）结合电力外送通道建设太阳能发电基地。

按照"多能互补、协调发展、扩大消纳、提高效益"的布局思路，在"三北"地区利用现有和规划建设的特高压电力外送通道，按照优先存量、优化增量的原则，有序建设太阳能发电基地，提高电力外送通道中可再生能源比重，有效扩大"三北"地区太阳能发电消纳范围。在青海、内蒙古等太阳能资源好、土地资源丰富地区，研究论证并分阶段建设太阳能发电与其他可再生能源互补的发电基地。在金沙江、雅砻江、澜沧江等西南水能资源富集的地区，依托水电基地和电力外送通道研究并分阶段建设大型风光水互补发电基地。

3）实施光伏"领跑者"计划。

设立达到先进技术水平的"领跑者"光伏产品和系统效率标准，建设采用"领跑者"光伏产品的领跑技术基地，为先进技术及产品提供市场支持，引领光伏技术进步和产业升级。结合采煤沉陷区、荒漠化土地治理，在具备送出条件和消纳市场的地区，统一规划有序建设光伏发电领跑技术基地，采取竞争方式优选投资开发企业，按照"领跑者"技术标准统一组织建设。组织建设达到最先进技术水平的前沿技术依托基地，加速新技术产业化发展。建立和完善"领跑者"产品的检测、认证、验收和保障体系，确保"领跑者"基地使用的光伏产品达到先进指标。

（3）开展多种方式光伏扶贫

1）创新光伏扶贫模式。

以主要解决无劳动能力的建档立卡贫困户为目标，因地制宜、分期分批推动多种形式的光伏扶贫工程建设，覆盖已建档立卡 280 万无劳动能力贫困户，平均每户每年增加 3000 元的现金收入。确保光伏扶贫关键设备达到先进技术指标且质量可靠，鼓励成立专业化平台公司，对光伏扶贫工程实行统一运营和监测，保障光伏扶贫工程长期质量可靠、性能稳定和效益持久。

2）大力推进分布式光伏扶贫。

在中东部土地资源匮乏地区，优先采用村级电站（含户用系统）的光伏扶贫模式，单个户用系统 5kW 左右，单个村级电站一般不超过 300kW。村级扶贫电站优先纳入光伏发电建设规模，优先享受国家可再生能源电价附加补贴。做好农村电网改造升级与分布式光伏扶贫工程的衔接，确保光伏扶贫项目所发电量就近接入、全部消纳。建立村级扶贫电站的建设和后期运营监督管理体系，相关信息纳入国家光伏扶贫信息管理系统监测，鼓励各地区建设统一的运行监控和管理平台，确保电站长期可靠运行和贫困户获得稳定收益。

3）鼓励建设光伏农业工程。

鼓励各地区结合现代农业、特色农业产业发展光伏扶贫。鼓励地方政府按 PPP（Public-Private Partnership，政府和社会资本合作）模式，由政府投融资主体与商业化投资企业合资建设光伏农业项目，项目资产归政府投融资主体和商业化投资企业共有，收益按股比分成，政府投融资主体要将所占股份折股量化给符合条件的贫困村、贫困户，代表扶贫对象参与项目投资经营，按月（或季度）向贫困村、贫困户分配资产收益。光伏农业工程要优先使用建档立卡贫困户劳动力，并在发展地方特色农业中起到引领作用。

1.1.2 光伏发电系统结构

【任务说明】

太阳能是光伏发电系统能量的来源，按照光伏发电系统应用结构来分，可以分为离网光伏发电系统和并网光伏发电系统。本书中的"光伏发电系统"均指"太阳能光伏发电系统"，"光伏电池"即"太阳能电池"。从光伏发电系统应用角度出发，要求掌握离网光伏发电系统、并网光伏发电系统的结构组成及各部件功能。

【任务实施】

1. 离网光伏发电系统

（1）离网光伏发电系统组成

离网光伏发电系统主要包括光伏电池组件（光伏阵列）、光伏控制器、蓄电池、离网逆变器和负载。光伏发电的核心部件是光伏电池组件（即太阳能电池板），它能将太阳光直接转换成电能；并通过控制器把光伏电池产生的电能存储于蓄电池中；当负载用电时，蓄电池中的电能通过控制器合理地分配到各个负载上。光伏电池所产生的电流为直流电，可以直接以直流电的形式应用，也可以用逆变器将其转换成为交流电，供交流负载使用。光伏发电的电能可以即发即用，也可以用蓄电池等储能装置将电能存储起来。离网光伏发电系统结构如图 1-3 所示。

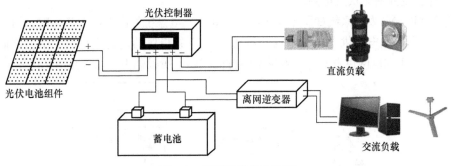

图 1-3　离网光伏发电系统

（2）离网光伏发电系统各部件功能

1）光伏电池组件。

光伏电池组件也叫太阳能电池板，是太阳能发电系统中的核心部分。其作用是将太阳光的辐射能量转换为电能，并送往蓄电池中存储起来，也可以直接用于驱动负载工作。当发电容量较大时，就需要用多块电池组件串、并联后构成太阳能电池方阵。目前应用的太阳能电池主要是晶体硅电池，分为单晶硅太阳能电池、多晶硅太阳能电池和非晶硅太阳能电池等几种。

2）蓄电池（组）。

蓄电池的作用主要是存储太阳能电池板发出的电能，并可随时向负载供电。太阳能光伏发电系统对蓄电池的基本要求是：自放电率低、使用寿命长、充电效率高、深放电能力强、工作温度范围宽、少维护或免维护以及价格低廉。目前为光伏系统配套使用的主要是免维护铅酸电池，在小型、微型系统中，也可用镍氢电池、镍镉电池、锂电池或超级电容器。当需要大容量电能存储时，就需要将多只蓄电池进行串、并联，构成大容量蓄电池组。

3）光伏控制器。

光伏控制器的作用是控制整个光伏系统的工作状态。其功能主要有：蓄电池防过充电保护、蓄电池防过放电保护、系统短路保护、系统极性反接保护、夜间防反充保护等。在温差较大的地方，控制器还具有温度补偿的功能。另外控制器还有光控、时控等工作模式，以及充电状态、蓄电池电量等各种状态的显示功能。光伏控制器一般分为小功率、中功率、大功率和风光互补控制器等几种。

4）离网逆变器。

离网逆变器是把光伏电池组件或者蓄电池输出的直流电转换成交流电供应给交流负载使用的设备。

2. 并网光伏发电系统

所谓并网光伏发电系统就是光伏电池组件产生的直流电经过并网逆变器转换成符合市电电网要求的交流电能后接入公共电网。并网光伏发电系统有集中式大型并网光伏系统，也有分布式小型并网光伏系统。集中式大型并网光伏电站一般都是国家级电站，主要特点是将所发电能直接输送到电网，由电网统一调配向用户供电。这种电站投资大、建设周期长、占地面积大。分布式小型并网光伏系统，特别是光伏建筑一体化发电系统，由于投资小、建设快、占地面积小、政策支持力度大等优点，是目前并网光伏发电的主流。常见并网光伏发电系统一般有下列两种形式。

（1）有逆流并网光伏发电系统

有逆流并网光伏发电系统如图1-4所示。当光伏发电系统发出的电能充裕时，可将剩余电能馈入公共电网，向电网供电（卖电）；当光伏发电系统提供的电力不足时，由电网向负载供电（买电）。由于向电网供电时与电网供电的方向相反，所以称为有逆流并网光伏发电系统。

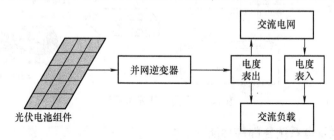

图1-4　有逆流并网光伏发电系统

（2）无逆流并网光伏发电系统

无逆流并网光伏发电系统如图1-5所示。光伏发电系统即使发电充裕也不向公共电网供电，但当光伏发电系统供电不足时，则由公共电网向负载供电。

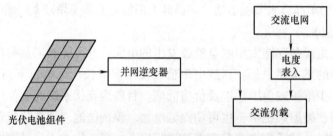

图1-5　无逆流并网光伏发电系统

1.2 太阳能资源分布与辐射量

1.2.1 太阳能资源分布

【任务说明】

在"十二五"期间，我国北方的内蒙古、青海、新疆、甘肃、宁夏等省或自治区的光伏电站累积安装量约占全国总装机量的60%以上，其主要原因是这些地区的太阳能资源极为丰富。太阳能资源是决定光伏发电量的主要因素之一。通过本节内容的学习，主要了解我国太阳能资源的分布情况和明确太阳能资源的地域差异，这些对光伏电站选址有着重要的指导意义。

【任务实施】

太阳能资源是指在特定的时段内（如日、月、年等）水平面上太阳总辐射强度的累积值，单位为兆焦每平方米（MJ/m^2）。

1. 世界太阳能资源分布

人类开发利用太阳能主要是利用太阳光辐射所产生的能量，由于地球表面大部分被海洋覆盖，到达陆地表面的辐射能约占太阳到达地球范围内总辐射能的10%。然而太阳每秒钟到达地球陆地表面的辐射能相当于世界一年内消耗各种能源所产生的总能量的3.5万倍，因此太阳能的开发利用日益受到人们的青睐。

太阳向宇宙空间发射的辐射功率为$3.8 \times 10^{23}\,kW$，其中20亿分之一到达地球大气层。到达地球大气层的太阳能，30%被大气层反射，23%被大气层吸收，47%到达地球表面，其功率为800 000亿kW，也就是说太阳每秒钟照射到地球上的能量相当于燃烧500万吨标准煤释放的热量。全人类目前每年能源消耗的总和只相当于太阳在40min内照射到地球表面的能量。

根据国际太阳能热利用区域分类，全世界太阳能辐射强度和日照时间最佳的区域包括北非、中东地区、美国西南部和墨西哥、南欧、澳大利亚、南非、南美洲东海岸和西海岸、中国西部地区等。

2. 我国太阳能资源分布

（1）我国太阳能资源分布情况

我国属太阳能资源较丰富的国家之一，全国总面积2/3以上地区年日照时数大于2000h，年辐射量在$5000MJ/m^2$以上。据相关统计资料分析，我国陆地范围内每年接收的太阳辐射总量为$3.3 \times 10^3 \sim 8.4 \times 10^3\,MJ/m^2$，相当于$2.4 \times 10^4$亿吨标准煤的储量。总体呈"高原大于平原、西部干燥区大于东部湿润区"的分布特点。其中，青藏高原最为丰富，年总辐射量超过$1800kW \cdot h/m^2$，部分地区甚至超过$2000kW \cdot h/m^2$。四川盆地资源相对较低，存在低于$1000kW \cdot h/m^2$的区域。

一类地区：为我国太阳能资源最丰富地区，年总辐射量大于$6300MJ/m^2$，占国土面积约22.8%。这些地区包括内蒙古额济纳旗以西、甘肃酒泉以西、青海东经100°以西大部分地区、西藏东经94°以西大部分地区、新疆东部边缘地区、四川甘孜部分地区。

二类地区：为我国太阳能资源很丰富地区，年总辐射量$5040 \sim 6300MJ/m^2$，占国土面积约44.0%。这些地区包括新疆大部、内蒙古额济纳旗以东大部、黑龙江西部、吉林西部、辽宁西部、河北大部、北京、天津、山东东部、山西大部、陕西北部、宁夏、甘肃酒泉以东大部、青海东部边缘、西藏东经94°以东、四川中西部、云南大部、海南、台湾西南部等地。

三类地区：为我国太阳能资源较丰富地区，年总辐射量3780～5040MJ/m²，占国土面积约29.8%。主要包括内蒙古北纬50°以北、黑龙江大部、吉林中东部、辽宁中东部、山东中西部、山西南部、陕西中南部、甘肃东部边缘、四川中部、云南东部边缘、贵州南部、湖南大部、湖北大部、广西、广东、福建、江西、浙江、安徽、江苏、河南、台湾东北部等地。

四类地区：是我国太阳能资源一般地区，年总辐射量小于3780MJ/m²，占国土面积约3.3%。这些地区包括四川东部、重庆大部、贵州中北部、湖北东经110°以西、湖南西北部等地。

我国太阳能资源分布情况见表1-3。

表1-3 我国太阳能资源表

名称	年总量/(MJ/m²)	年总量/(W/m²)	年平均辐照度/(W/m²)	占国土面积（%）	主 要 地 区
最丰富地区	≥6300	≥1750	约≥20	约22.8	内蒙古额济纳旗以西、甘肃酒泉以西、青海东经100°以西大部分地区、西藏东经94°以西大部分地区、新疆东部边缘地区、四川甘孜部分地区
很丰富地区	5040～6300	1400～1750	约160～200	约44.0	新疆大部、内蒙古额济纳旗以东大部、黑龙江西部、吉林西部、辽宁西部、河北大部、北京、天津、山东东部、山西大部、陕西北部、宁夏、甘肃酒泉以东大部、青海东部边缘、西藏东经94°以东、四川中西部、云南大部、海南、台湾西南部
较丰富地区	3780～5040	1050～1400	约120～160	约29.8	内蒙古北纬50°以北、黑龙江大部、吉林中东部、辽宁中东部、山东中西部、山西南部、陕西中南部、甘肃东部边缘、四川中部、云南东部边缘、贵州南部、湖南大部、湖北大部、广西、广东、福建、江西、浙江、安徽、江苏、河南、台湾东北部
一般地区	<3780	<1050	约<120	约3.3	四川东部、重庆大部、贵州中北部、湖北东经110°以西、湖南西北部

（2）太阳能资源分布特点

1）太阳能资源分布的高值中心和低值中心都处在北纬22°～35°这一带，青藏高原是高值中心，四川盆地是低值中心。

2）太阳年辐射总量，基本呈现西部地区高于东部地区，西部地区低于北部地区。

3）由于我国南方多数地区云多雨多，在北纬30°～40°之间，太阳能资源的分布情况与太阳能资源随纬度而变化的规律正好相反。太阳能资源不是随着纬度的升高而减少，而是随着纬度的升高而增加。

1.2.2 太阳能辐射量

【任务说明】

在描述太阳能资源量值时，要求熟悉掌握各个参数之间的转换方法。

【任务实施】

1. 焦耳、卡

热能是能量的一种，在国际上功和能的单位是焦耳，焦耳相当于 1N 的力，其作用点在力的方向上移动 1m 的距离所做的功，焦耳的符号为 J。

在标准大气压下，将 1g 的水加热或冷却，其温度升高或降低 1℃时，所吸收或释放的热量称为 1 卡，以 cal 表示。工程上常以卡的 1000 倍来表示热量，称为千卡或大卡，以 kcal 表示。

其关系如下所示。

1cal(卡) = 4.1868J(焦耳)；1kcal = 4186.75J(焦耳)；1kcal = 1000cal ≈ 4200J = 0.0042MJ。

2. 度、千瓦时

"千瓦时"是一种电量单位，表示功率为 1kW 的电器使用 1h 消耗的电量，用 kW·h 表示。"度"是日常生活中对电能计量单位的简称，1 度 = 1kW·h（千瓦时），即 3600000Ws，1Ws = 1J，1kW·h 等于 3600000J(3.6MJ)。

3. 峰值日照时数

峰值日照是指太阳辐射量为 $1000W/m^2$ 的照度。一个小时的峰值日照就叫作峰值日照小时。峰值日照时数是一个描述太阳辐射量的单位（小时，h），其表示一段时间内的太阳辐射总量相当于峰值日照（$1000W/m^2$）所用的时间，用来比较不同地区的太阳能资源。

例如我国太阳能资源极丰富地区年辐射量达到 $8400MJ/m^2$，相当于年接收 2333.3kW·h，年峰值日照时数为 2333.3h，平均日峰值日照时数 6.4h（每年按 365 天计算）。

1.3 太阳能辐射量获取

1.3.1 太阳能辐射量组成

【任务说明】

太阳辐射到达地球要经过遥远的旅程，并且还会遇到各种阻拦，受到各种影响。掌握太阳能辐射量的组成是计算和测量太阳能资源的首要条件。

【任务实施】

1. 太阳辐射光谱

太阳辐射中辐射能按波长的分布，称为太阳辐射光谱，如图 1-6 所示。从图中可看出，大气上界太阳光谱能量分布曲线，与用普朗克黑体辐射公式计算出的 6000K 的黑体光谱能量分布曲线非常相似，因此可以把太阳辐射看作黑体辐射。太阳是一个炽热的气体球，其表面温度约为 6000K，内部温度更高。根据维恩位移定律可以计算出太阳辐射峰值的波长 λ_{max} 为 $0.475\mu m$，这个波长在可见光的青光部分。太阳辐射主要集中在可见光部分（$0.4 \sim 0.76\mu m$），波长大于可见光的红外线（$>0.76\mu m$）和小于可见光的紫外线（$<0.4\mu m$）的

部分少。在全部辐射能中，波长在 $0.15 \sim 4\mu m$ 之间的占 99% 以上，且主要分布在可见光区和红外线区，前者占太阳辐射总能量的约 50%，后者占约 43%，紫外线区的太阳辐射能很少，只占总量的约 7%。

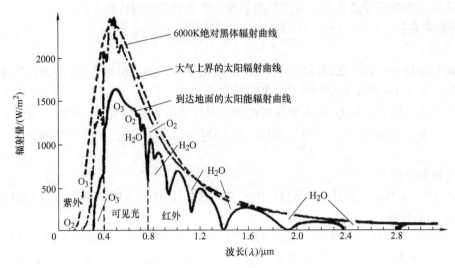

图1-6 大气上界和地面的太阳辐射光谱

2. 影响地球表面太阳能辐射度的因素

（1）太阳高度角

太阳高度角是指在地球上的某个点太阳光入射方向和地平面之间的夹角，即某地太阳光线与该地作垂直于地心的地标切线的夹角，简称太阳高度角。

由于地球大气层对太阳辐射有吸收、反射和散射的作用。因此，红外线、可见光和紫外线在光射线中所占的比例也随着太阳高度角的变化而变化。

一天中，太阳高度角是不断变化的；同时，在一年中也是不断变化的。对于某处地平面来说，太阳高度角较小时，光线穿过大气层的路程较长，辐射能衰减得就较多。同时，又因为光线以较小的角度投射到该地平面上，所以到达地平面的能量就更少了。反之，则较多。

（2）大气质量

太阳辐射受到衰减作用的大小，与太阳辐射穿过大气路程的长短有关。路程越长，能量损失就越多；路程越短，能量损失越少。大气质量就是太阳辐射通过大气层的无量纲路程，将其定义为太阳光通过大气层的路径与太阳光在天顶方向时射向地面的路径之比。令海平面上太阳光垂直入射路径为1，即无量纲路程为 m = 1，大气质量与太阳高度角的关系如表1-4所示。

表1-4 大气质量与太阳高度角的关系

太阳高度角	90°	60°	45°	30°	10°	5°
大气质量	1.000	1.155	1.414	2.000	5.758	11.480

（3）大气透明度

在大气层上界与光线垂直的平面上，太阳辐射度基本上是一个常数。但是在地球表面上，太阳辐射度却是经常变化的。这主要是由大气透明程度不同所引起的。大气透明度是表征大气对于太阳光线透过程度的一个参数。在晴朗无云的天气，大气透明度高，到达地面的太阳辐射能就多。天空云雾很多或风沙灰尘很大时，大气透明度很低，到达地面的太阳辐射能就较少。可见，大气透明度是与天空中云量的多少以及大气中所含灰尘等杂质的多少密切相关的。表1-5为不同太阳高度角和大气透明度下的太阳直接辐射度。

表1-5　不同太阳高度角和大气透明度下的太阳直接辐射度

大气透明度	太阳高度角										
	7	10	15	20	25	30	40	50	60	75	90
	太阳直接辐射度										
0.6（很混浊）	0.17	0.26	0.41	0.54	0.63	0.7	0.83	0.94	1.00	1.04	1.06
0.65（混浊）	0.25	0.38	0.55	0.67	0.76	0.84	0.98	1.08	1.13	1.16	1.17
0.7（偏低）	0.35	0.49	0.67	0.79	0.88	0.96	1.08	1.16	1.21	1.25	1.27
0.75（正常）	0.48	0.63	0.81	0.93	1.02	1.10	1.21	1.27	1.32	1.35	1.37
0.8（偏高）	0.61	0.76	0.93	1.06	1.15	1.22	1.32	1.37	1.41	1.44	1.46
0.85（很透明）	0.77	0.9	1.08	1.20	1.29	1.35	1.42	1.47	1.51	1.53	1.54

（4）地球纬度

太阳辐射量是由低纬度向高纬度逐渐减弱的。假定不同纬度地区的大气透明度是相同的，在这样的条件下进行比较，如图1-7所示，春分中午时刻的太阳垂直照射到地球赤道F点上，假设同一经度上有另外两点B、D，且B点纬度比D点纬度高。阳光射到B点所需经过大气层的路程AB比阳光射到D点所经过大气层的路程CD长。所以B点的垂直辐射量比D点小。在赤道F点垂直辐射量很大，因为阳光在大气层中经过的路程EF最短。

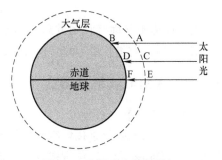

图1-7　太阳垂直辐射量与
地球纬度的关系

（5）日照时间

日照时间也是影响地面太阳辐射度的一个重要因素。如果某地区某日白天有14h，其中阴天时间≥6h，而出太阳的时间≤8h，那么，该地区这一天的日照时间是8h。日照时间越长，地面所获得的太阳总辐射量就越多。

（6）海拔高度

海拔越高，大气透明度越好，太阳的直接辐射量也就越高。我国青藏高原地区，由于平均海拔高达4000m以上，且大气洁净、空气干燥、纬度又低，因此太阳总辐射量多介于6000~8000MJ/m²，直接辐射比重大。

此外，日地距离、地形、地势等对太阳辐射度也有一定影响。例如，在同一纬度上，盆地气温要比平原高，阳坡气温要比阴坡高等。

3. 太阳辐射在大气中的衰减

太阳辐射通过大气层后到达地球表面。由于大气对太阳辐射有一定的吸收、散射和反射作用，使投射到大气上界的辐射不能完全到达地面。图1-8所示为太阳辐射通过大气层被吸收、散射、反射后到达地面的太阳辐射示意图。

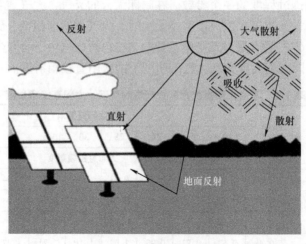

图 1-8　太阳辐射示意图

4. 直散分离原理

大地表面（包括水平面）和太阳能电池方阵面（倾斜面）上接收到的辐射量均符合直散分离原理，即总辐射量等于直接辐射、散射辐射和地面反射辐射之和。只不过大地表面接收到的辐射量没有地面反射分量，而太阳能电池方阵面上所接收到的辐射量包括地面反射分量。即

$$Q_T = S_T + D_T + R_T$$

式中，Q_T 为倾斜面接收到的总辐射量；S_T 为倾斜面接收到的直接辐射量；D_T 为倾斜面接收到的散射辐射量；R_T 为倾斜面接收到的地面反射量。

1.3.2　太阳能辐射量测量

【任务说明】

太阳能的辐射量直接影响光伏发电系统的发电量。用于测量太阳能辐射量的仪表有直接辐射表、总辐射表、地球辐射表等。通过太阳能辐射测量仪表的使用，要求掌握太阳能辐射量测量的方法。

【任务实施】

1. 总辐射表测量

总辐射表是用来测量太阳光的水平辐射量。总辐射表采用的是热电效应原理，感应元件为绕线电镀式多接点热电堆，其表面涂有高吸收率的黑色涂层。热接点在感应面上，而冷接点则位于机体内，冷热接点产生温差电势。在线性范围内，输出信号与太阳辐射度成正比。为减小温度的影响配有温度补偿线路；为防止环境对其性能的影响，用两层石英玻璃罩，石英玻璃罩是经过精密的光学冷加工磨制而成的。

总辐射表用来测量光谱范围为 0.3 ~ 3μm 的太阳辐射，还能用来测量入射到斜面上的太阳辐射，如感应面向下可测量反射辐射、加遮光环可测量散射辐射。它广泛应用于太阳能利用、气象、农业、建筑材料老化及大气污染等领域。

该表应安装在四周空旷、感应面周围没有任何障碍物的地方。将辐射表电缆插头正对北方，调整好水平后将其牢牢固定，然后将总辐射表输出电缆与记录器相连接，即可查看测量值。将电缆牢牢固定在安装架上，以减少断裂或在有风时发生间歇中断现象。图 1-9 为

RHD-29 太阳总辐射表，具体的技术参数如表 1-6 所示。

图 1-9　RHD-29 太阳总辐射表

表 1-6　RHD-29 太阳总辐射表的技术参数

序号	内　容	指　标	序号	内　容	指　标
1	灵敏度	$7 \sim 14 \mu V/W \cdot m^{-2}$	5	非线性	$\pm 2\%$
2	响应时间	$\leqslant 30s$	6	重量	$2.5kg$
3	内阻	约 350Ω	7	温度特性	$\pm 2\%$（$-20℃ \sim 40℃$）
4	稳定性	$\pm 2\%$	8	余弦响应	$\leqslant \pm 5\%$，太阳高度角 10℃ 时

注意事项：

1）玻璃罩应保持清洁，要经常用软布或毛皮擦拭。

2）玻璃罩不可拆卸和避免松动，以免影响测量精度。

3）应定期更换干燥剂，以防玻璃罩内凝结水。

2. 利用太阳能观测系统测量水平面太阳辐射量

太阳能观测系统包括：总辐射、直接辐射、散射辐射（总表＋装置）、净全辐射、反射辐射、分光谱辐射（5 块）、辐射表专用电缆、辐射观测台架、太阳辐射电流表、辐射数据采集系统（含软件）组成。通过太阳能观测系统实现对太阳辐射的能量动态检测以及太阳光谱的分布，各光谱的能量的动态检测，认识和了解太阳能各要素相互关系，如图 1-10所示。

图 1-10　太阳能观测系统

1.3.3 太阳能辐射量估算

【任务说明】

光伏电池方阵面所获取的太阳能资源除了与水平面辐射量相关外，还与太阳能电池方阵支架的安装方式、方位角度等因素相关，计算方法相对较复杂，所以一般由计算机来完成。在要求不太严格的情况下，可以根据维度关系采取估算的办法来计算太阳能辐射量。在实际工程设计中，可以采用 RETScreen 仿真软件来实现对电池板倾斜面的太阳能辐射量的估算。

【任务实施】

1. RETScreen 仿真软件获取

（1）RETScreen 基本应用

RETScreen 是清洁能源分析与决策的管理软件。这个工具的核心是由已标准化和集成化的清洁能源分析软件构成，可以为不同类型的节能和可再生能源工程的能源产量、周期成本以及温室气体的减排量做出评估。每个 RETScreen 能源工程模型（例如光伏项目等）都可以在 Excel 的"工作手册"文件中开发。"工作手册"文件是由一系列的工作表组成的，这些工作表有公共的界面且与所有的 RETScreen 模型都有相匹配的标准方式。

光伏项目模型能方便地评估 3 个基本光伏应用（如并网、离网和排水）的能源产量、周期成本和温室气体减排量。对于并网的应用，可以评估中枢电网和独立电网的光伏系统；对于离网的应用，可以评估独立光伏系统（光伏-蓄电池）和互补光伏系统（光伏-蓄电池-柴油发电机）；对于排水的应用，模型可以用来评估光伏排水系统。

光伏项目模型包括 6 个工作表（能量模型、太阳能资源和系统负荷计算、成本分析、温室气体减排分析、财务概要和财务敏感性与风险分析）。

使用方法：首先完成能量模型、太阳能资源和系统负荷计算，然后进行成本分析和财务分析。温室气体减排分析、财务敏感性与风险分析是可选项。温室气体减排分析可以帮助用户对所提议项目的温室气体减排进行评估。敏感性分析可以帮助用户评估当主要经济、技术参数变化时，项目主要经济指标的变化敏感性。一般来讲，用户从上到下使用这些工作表，整个过程可能会重复多次才能达到能源应用与成本合理化的最佳搭配。

（2）基本使用方法

1）水平辐射量获取。

运行 RETScreen，对"项目类型""电网类型""分析类型""热值参数"进行参数设置。在"气候数据地点"选取项目地点，勾选"显示数据"复选框，系统会显示该地点的气候参数，其中包括该地区每个月的水平辐射量，如图 1-11 所示。

2）倾斜面辐射量获取。

在能源模型对话框的"分析类型"选项中单击"方法 2"单选按钮；在"资源评估"栏中，将"太阳追踪方式"选择"固定窗"，"方位角"设置为 0 度；在"斜度"选择上，通过不断更换斜度值，分析该地区最佳倾斜角或固定斜度下倾斜面的辐射量，如图 1-12 所示是倾斜角（斜度）分别为 20° 和 41° 时各月的辐射量值。

2. 倾斜面辐射量估算

在没有计算机仿真软件的情况下，也可以根据当地纬度粗略确定固定太阳能电池方阵的倾角。为消除冬夏辐射量的差距，一般纬度越高倾角也越大，如表 1-7 所示。

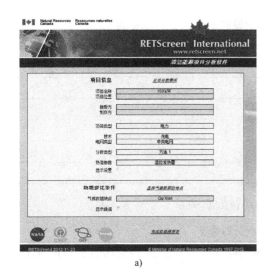
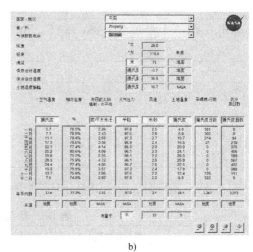

a)   b)

图 1-11　水平辐射量获取

a）模型初始化　b）气候资源

a)   b)

图 1-12　倾斜面辐射量获取

a）斜度为 20°时各月的辐射量　b）斜度为 41°时各月的辐射量

表 1-7　光伏电池方阵倾斜角度

纬　　　度	太阳能电池方阵倾角	纬　　　度	太阳能电池方阵倾角
0 ~ 25°	等于纬度	41° ~ 55°	纬度 + 10° ~ 15°
26° ~ 40°	纬度 + 5° ~ 10°	> 55°	纬度 + 15° ~ 20°

　　倾斜角确定好后，如果没有计算机仿真软件，可以由水平面辐射量估算太阳能电池方阵面上的辐射量。一般固定倾角太阳能电池方阵面上的辐射量要比水平面辐射量高 5% ~ 15%。直射分量越大、纬度越高，倾斜面比水平面增加的辐射量也越大。

1.4　本章练习

　　1. 利用倾斜面辐射估算方法，采用固定式支架安装，估算年辐射量的情况，如表 1-8 所示。

表 1-8　各地年辐射量估算表

地 理 名 称	地理位置（纬度、经度）	RETScreen 仿真	倾斜面估算	倾斜角设计
北京				
杭州				
广州				
银川				
拉萨				
成都				

2. 依据上述我国太阳能资源分布情况并结合单位换算关系，填写表 1-9。

表 1-9　我国太阳能分布情况

等　　级	年总辐射量/(MJ/m^2)	年总辐射量/$(kW \cdot h/m^2)$	平均日辐射量/$(kW \cdot h/m^2)$
极丰富带			
很丰富带			
丰富带			
一般			

3. 表 1-10 是浙江省杭州地区的年辐射量数据表，请按照要求转换。

表 1-10　浙江省杭州地区的年辐射量数据表

月　　份	1 月	2 月	3 月	4 月	5 月	6 月	7 月	8 月	9 月	10 月	11 月	12 月
辐射量（$MJ/m^2/d$）	8.14	8.75	9.11	12.17	14.90	14.72	18.90	16.99	14.62	12.85	10.76	10.08
峰值日照时数（h/d）												

4. 分析说明，利用总辐射表如何测量太阳反射、直射、散射值。

5. 利用太阳能观测系统测量一日太阳能资源情况，并进行数据分析。

6. 分析我国光伏发电装机量，填写表 1-11。

表 1-11　我国光伏发电装机量表

年　　份	光伏电站装机量（万 kW）	分布式光伏装机量（万 kW）
2013 年		
2014 年		
2015 年		
2016 年		
2017 年		

项目 2   光伏电池组件及方阵容量设计

【项目描述】

目前太阳能光伏发电系统采用的光伏电池组件主要以晶体硅材料为主（包括单晶硅和多晶硅）。光伏发电系统的电池方阵由电池组件及单体电池组成。依据光伏发电系统发电量的要求设计合理的光伏电池方阵。电池组件的选择及组件功率的计算是光伏发电系统设计的重要内容。

【知识目标】

1. 掌握光伏电池的发电原理及其种类。
2. 掌握光伏单体电池组件的参数及基本参数的测量方法。
3. 掌握光伏单体电池发电特性，掌握光伏电池串、并联特性。
4. 掌握光伏电池组件的参数和组件的选择，掌握光伏方阵容量的设计方法。
5. 掌握光伏方阵的安装方式及倾斜角的设计。
6. 掌握离网光伏发电系统和并网光伏发电系统组件容量的设计方法。

2.1   光伏电池认知

2.1.1   光伏电池发电原理

【任务说明】

光伏电池又称太阳能电池或光电池，是一种利用太阳光直接发电的光电半导体薄片。它只要被满足一定照度条件的光照射到，瞬间就可形成电压及在有回路的情况下产生电流。在物理学上称为太阳能光伏（Photovoltaic），简称光伏。本节主要学习光伏电池发电原理。

【任务实施】

（1）光传导现象

当光照射在半导体上时，不纯物中的电子被激励。由于带间激励，价电子带的电子被传导带激励而产生自由载流子，从而导致电气传导度增加的现象，称为光传导现象。图 2-1 为用能带图表示的带间激励引起光传导现象的示意图。光子能量 h_w 大于禁止带宽度能量 E_g 时，由于带间迁移作用，价电子带中的电子被激励，产生电子空穴对，使电气传导度增加。

（2）光电效应

当半导体内部静电场 E 存在时，光照射产生的电子空穴对向两侧运动，产生电荷载流子的分极作用，半导体两侧产生电位差，即为光伏效应（Photovoltaic Effect）。半导体内部静电场 E 存在的条件：形

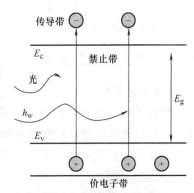

图 2-1   带间激励引起的
光传导现象示意图

成 P 型半导体和 N 型半导体组成的半导体 PN 结。

（3）光伏电池的发电原理

太阳能光伏发电是利用光伏电池（类似于二极管的半导体器件）的光伏效应直接把太阳的辐射能转变为电能的一种发电方式。太阳能光伏发电的能量转换器就是光伏电池。当太阳光照射到由 P、N 型两种不同导电类型的同质半导体材料构成的光伏电池上时，其中一部分光线被反射，一部分光线被吸收，还有一部分光线透过电池片发散出去。被吸收的光线能激发被束缚的高能级状态下的电子，产生电子-空穴对。在 PN 结的内建电场作用下，电子、空穴相互运动（如图 2-2 所示），N 区的空穴向 P 区运动，P 区的电子向 N 区运动，使光伏电池的前电极有大量负电荷（电子）积累，而在电池的背电极有大量正电荷（空穴）积累。若在电池两端接上负载形成回路，负载上就有电流通过。当光线一直照射时，负载上将源源不断地有电流通过。

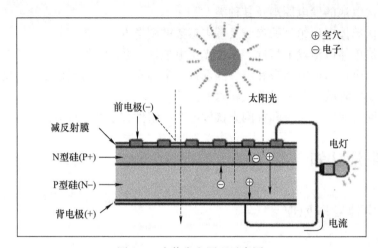

图 2-2　光伏发电原理示意图

单片光伏电池就是一个薄片状的半导体 PN 结。标准光照条件下，额定输出电压为 0.48V。为了获得较高的输出电压和较大的功率，往往要把多片光伏电池连接在一起使用。光伏电池的输出功率是随机的，不同时间、不同地点、不同安装方式下，同一块光伏电池的输出功率是不同的。

2.1.2　光伏电池的种类

【任务说明】

目前地面光伏发电系统大量使用的是以硅为基底的硅光伏电池，可分为单晶硅、多晶硅、非晶硅光伏电池。在能量转换效率和使用寿命等综合性能方面，单晶硅和多晶硅光伏电池优于非晶硅光伏电池。本节主要学习各种光伏电池的特性及优缺点。

【任务实施】

光伏电池根据其使用材料的种类可以分成硅系光伏电池、化合物系光伏电池、有机半导体系光伏电池以及量子点光伏电池等，如图 2-3 所示。

根据制造电池所使用材料的大小可以分为硅光伏电池和薄膜光伏电池。硅光伏电池即为晶体硅光伏电池，如多晶硅光伏电池和单晶硅光伏电池。薄膜光伏电池则包括多晶硅薄膜光

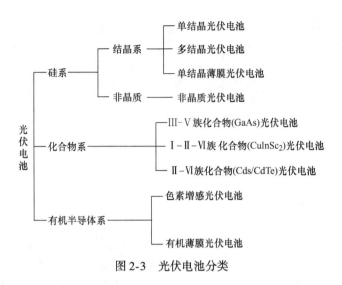

图 2-3　光伏电池分类

伏电池、非晶硅薄膜光伏电池、化合物薄膜光伏电池、有机薄膜光伏电池。

1. 硅系光伏电池

（1）单晶硅光伏电池

单晶硅光伏电池是以高纯度的单晶硅棒为原料生产的光伏电池，是目前发展最快的一种光伏电池，如图 2-4 所示，已广泛应用于太空和地面。单晶硅光伏电池的硅原子排列非常规则，在硅系光伏电池中转换效率最高，目前实验室最高转换效率为 25%，市场产品的实际转换效率为 18%～20%，高效单晶硅光伏电池的转换效率可达到 22%。根据行业标准的要求，电池片的使用寿命要求在 25 年以上。

图 2-4　单晶硅光伏电池

单晶硅棒的纯度要求为 99.999%。为了降低生产成本，地面应用的光伏电池采用单晶硅棒，材料性能指标有所放宽。有的可使用半导体器件加工产生的头尾料和废次单晶硅材料，经过复拉制成光伏电池专用的单晶硅棒。将单晶硅棒切成厚约为 0.3mm 的硅片。硅片经过成形、抛磨、清洗等工序后，制成待加工的原料硅片。单晶硅片经过硅片清洗、制绒、扩散、等离子刻蚀、去磷硅玻璃、PECVD（等离子增强型化学气相沉积）镀氮化硅膜、丝网印刷、烧结、测试、包装等工序后，制造成单晶硅光伏电池。典型的单晶硅片制造工艺如图 2-5 所示。

 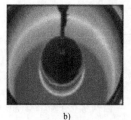  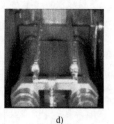

a)　　　　　　　b)　　　　　　　c)　　　　　　　d)

图 2-5　单晶硅片制造典型工艺

a）多晶硅熔融长晶　b）单晶　c）硅棒　d）切晶

（2）多晶硅光伏电池

多晶硅片由单晶硅颗粒聚集而成。与单晶硅片相比，少了拉晶的工艺。多晶硅成本较低，其与单晶硅在性能上的差异，导致多晶硅光伏电池的转换效率低于单晶硅光伏电池。图 2-6 为多晶硅光伏电池的外观。随着工艺的改进，多晶硅光伏电池的效率在逐步提高，成本也相对较低，因此应用较广。目前多晶硅光伏电池的转换效率达到 17% ~ 18%，高效多晶硅光伏电池的转换效率能达到 20%。

 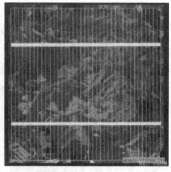

图 2-6　多晶硅光伏电池

多晶硅片的生产流程一般为：多晶原料清洗、检测→坩埚喷涂→多晶铸锭→硅锭剖方→硅块检验→去头尾→磨面、倒角→粘胶→切片→脱胶→清洗→检验→包装→入库。典型的多晶硅片制造工艺如图 2-7 所示。

   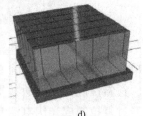

a)　　　　　　　b)　　　　　　　c)　　　　　　　d)

图 2-7　多晶硅片制造典型工艺

a）熔融　b）烧结　c）切割　d）开方

多晶硅光伏电池的制造工艺与单晶硅光伏电池制造工艺的工序相似，只是在具体的工序上的制造工艺参数或方法有些差异。

（3）非晶硅光伏电池

非晶硅光伏电池是目前市场上比较成熟的一种薄膜光伏电池，如图2-8所示。1976年美国RCA实验室的D. E. Conlson和C. R. Wronski在W. E. Spear控制PN结的工作基础上制成了世界上第一个a-Si光伏电池。非晶硅的原子排列呈无规则状态，理论转换效率为18%，实际转换效率为7%~9%。非晶硅光伏电池是在玻璃基板上使用蒸镀非晶硅层的方法，薄膜层厚度约为几微米，非常节约原材料，批量生产时成本低。非晶硅光伏电池的薄膜可附着在廉价的基片介体（如玻璃、活性塑料或不锈钢等）之上，不仅可以节省大量的材料成本，也可以制作大面积、专供建筑使用的透明玻璃光电砖。

图2-8　非晶硅光伏电池

非晶硅光伏电池有各种不同的结构。其中PiN结构电池是在衬底上先沉积一层掺磷的N型非晶硅，再沉积一层未掺杂的i层（i层为本征层），然后再沉积一层掺硼的P型非晶硅，最后用电子束蒸发一层减反射膜，并蒸镀银电极。该工艺可以采用连续沉积室，在生产中构成连续程序，以实现批量生产。同时，非晶硅光伏电池很薄，可以制成叠层式，或采用集成电路的方法制造，在同一平面上，用适当的掩模工艺，一次性制作多个串联电池，以获得较高的电压。典型非晶硅光伏电池的结构如图2-9所示。

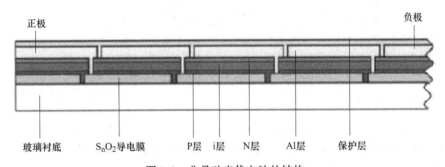

图2-9　非晶硅光伏电池的结构

2. 化合物系光伏电池

化合物光伏电池主要包括GaAs（砷化镓）Ⅲ-Ⅴ族化合物、硫化镉/碲化镉（CdS/CdTe）Ⅱ-Ⅵ族化合物、铜铟硒（$CuInSe_2$）Ⅰ-Ⅱ-Ⅲ族化合物光伏电池等。

（1）GaAs光伏电池

砷化镓（GaAs）、磷化铟（InP）光伏电池属于Ⅲ-Ⅴ族化合物半导体材料，其能隙为1.42eV，正好为高吸收率太阳光的值，是很理想的电池材料。由于Ⅲ-Ⅴ族化合物是直接带隙，少数载流子扩散长度较短，且抗辐射性能好，更适合太空能源领域。目前实验室最高效率已达到50%。

1998年德国费莱堡太阳能系统研究所研制的GaAs光伏电池转换效率为24.2%。首次研制的GaInP电池转换效率为14.7%。另外，该研究所还采用堆叠结构研制了GaAs-GaSb电池，该电池是将两个独立的电池堆叠在一起，GaAs 作为上电池，下电池用的是 GaSb，所得到的转换效率达到 31.1%。新一代的 GaAs 多接面光伏电池，例如 GaAs、Ge 和 GaInP$_2$ 的三接面光伏电池因可吸收光谱范围非常广，所以转换效率可高达 39% 以上。

III-V 族化合物光伏电池的转换效率随着温度变化的程度远比硅慢，可以聚焦到 1000 倍或 2000 倍的程度。利用聚光技术的聚光光伏电池的理论转换效率达到 40% 以上。

（2）CuInSe$_2$ 光伏电池

CuInSe$_2$ 简称 CIS。CIS 材料的能隙为 1.1eV，适用于太阳光的光电转换。CIS 薄膜光伏电池不存在光致衰退问题。在 CIS 光伏电池中加入镓（Ga）构成了铜铟镓硒（CIGS）光伏电池，即 Cu(In$_{1-x}$Ga$_x$)Se$_2$，Ga 的组成 x 从 0~1 变化时，半导体的能带则从 1.0~1.7eV 变化，控制 x 可使光伏电池的组成达到最佳状态。当 x 为 0 时，则为 CIS 光伏电池。

除了玻璃外，也可使用金属箔、塑料等较轻且柔软的材料作为衬底制作 CIGS 柔性光伏电池。CIGS 光伏电池的理论转换效率达 25%~30% 以上，目前在 14% 左右。

CIGS 光伏电池的典型结构如图 2-10 所示。主要由背电极（正电极）、P 型 CIGS（光吸收层）、N 型 ZnO 层透明导电膜、CdS 缓冲层等构成。

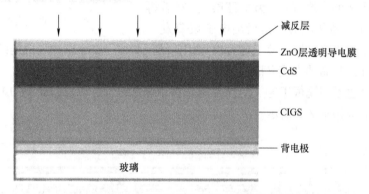

图 2-10　CIGS 光伏电池的典型结构示意图

（3）CdS/CdTe 光伏电池

由 II-VI 族化合物组成的光伏电池有硫化镉、碲化镉光伏电池两种。一般使用由二者结合而成的 CdS/CdTe 光伏电池，其中 CdS 为 N 型，CdTe 为 P 型。CdTe 的禁带宽度一般为 1.47eV，CdTe 的光谱响应和太阳光光谱非常匹配。CdTe 的吸收系数在可见光范围内高达 10^4/cm 以上，95% 的光子可在 1μm 厚的吸收层内被吸收。碲化镉薄膜光伏电池的理论光电转换效率约为 28%。

碲化镉薄膜光伏电池是在玻璃或其他柔性衬底上依次沉积多层薄膜而构成的光伏器件。标准的碲化镉薄膜光伏电池由 5 层结构组成，碲化镉薄膜光伏电池的结构如图 2-11 所示。玻璃衬底主要对电池起支架、防止污染和入射太阳光等作用。

TCO 层即透明导电氧化层，主要的作用是透光和导电。CdS 窗口层为 N 型半导体，与 P 型 CdTe

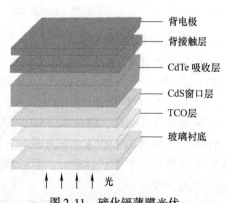

图 2-11　碲化镉薄膜光伏
电池结构示意图

吸收层组成 PN 结。CdTe 吸收层是电池的主体吸光层，与 N 型的 CdS 窗口层形成的 PN 结是整个电池最核心的部分。背接触层和背电极是为了降低 CdTe 和金属电极的接触势垒，引出电流，使金属电极与 CdTe 形成欧姆接触。

由于碲化镉薄膜光伏电池含有重金属元素镉，使很多人担心碲化镉光伏电池的生产和使用会对环境带来不好的影响。美国 First Solar 公司的碲化镉光伏电池组件在销售时就与用户签订了由工厂支付回收费用的回收合同。

3. 有机半导体系光伏电池

有机光伏电池是由有机材料制成的，可分为色素增感光伏电池和有机薄膜光伏电池。

（1）色素增感光伏电池

色素增感光伏电池（又称染料敏化光伏电池）以低成本的纳米二氧化钛（TiO_2）和光敏染料为主要原料，模拟植物的光合作用，将太阳能转化为电能。该电池使用的纳米 TiO_2、N3 染料、电解质等材料价格便宜且环保无污染，同时它对光线的要求相对不那么严格，即使在比较弱的光线照射下也能工作。

染料敏化光伏电池主要由纳米多孔半导体薄膜、光敏染料、氧化还原电解质、对电极和导电基底等组成。纳米多孔半导体薄膜通常为金属氧化物（如 TiO_2、SnO_2、ZnO 等），聚集在有透明导电膜的玻璃板上作为染料敏化光伏电池的负极。对电极作为还原催化剂，通常在带有透明导电膜的玻璃上镀上铂。光敏染料吸附在纳米多孔二氧化钛膜面上。正负极间填充的是含有氧化还原电对的电解质，最常用的是 KCl（氯化钾）。图 2-12 给出了典型的染料敏化光伏电池的结构。

（2）有机薄膜光伏电池

有机薄膜光伏电池以具有光敏性质的有机物作为半导体的材料，以光伏效应而产生电压形成电流。主要的光敏性质的有机材料均具有共轭结构并且具有导电性，如酞菁类化合物、卟啉、菁等。有机薄膜光伏电池按照半导体的材料分为单质结结构、PN 异质结结构、染料敏化纳米晶结构。

单质结结构是以 Schotty 势垒（肖特基势垒）为基础原理而制作的有机光伏电池，如图 2-13 所示。其结构为玻璃/金属电极（阴极）/染料(有机层)/金属电极（阳极），利用了两个电极的功函不同，可以产生一个电场，电子从低功函的金属电极传递到高功函电极从而产生光电流。由于电子-空穴均在同一种材料中传递，所以其光电转化率比较低。

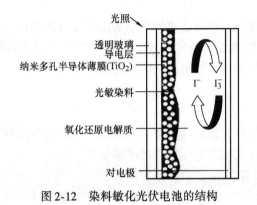

图 2-12　染料敏化光伏电池的结构　　　　　　图 2-13　单质结结构

PN 异质结结构是指这种结构具有给体–受体（N 型半导体与 P 型半导体）的异质结构，如图 2-14 所示。其中半导体的材料多为染料，如酞菁类化合物等，利用半导体层间的 D/A 界面（Donor –给体，Acceptor –受体），以及电子–空穴分别在不同材料中传递的特性，使分离效率提高。Elias Stathatos 等人结合无机以及有机化合物的优点制作的光伏电池光电转化率在 5% ~6%。

光伏电池还按形式和用途可以分为透明光伏电池、半透明光伏电池、混合型光伏电池、层积光伏电池、球状光伏电池等。下面以层积光伏电池为例进行介绍。

层积光伏电池的结构如图 2-15 所示。层积光伏电池由两个以上的光伏电池层积而成。层积光伏电池可利用波长范围较宽的太阳光能量，因此转换效率较高。

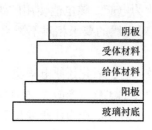

图 2-14　PN 异质结结构

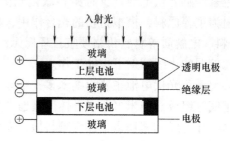

图 2-15　层积光伏电池的结构

2013 年 9 月，德国弗朗霍夫太阳能系统研究所、法国聚光光伏制造商 Soitec 公司、德国柏林亥姆霍兹研究中心携手宣布，他们制造出一款在 297 倍聚光浓度下，光电转化效率高达 44.7% 的四结光伏电池。该四结光伏电池中的单个电池由不同的 III- V 族（元素周期表中 III 族的 B、Al、Ga、In 和 V 族的 N、P、As、Sb 等）半导体材料制成，这些结点逐层堆积，单个子电池能吸收太阳光光谱中不同波长的光。

2.2　光伏单体电池的发电特性

2.2.1　单体电池参数

【任务说明】

单体电池是电池方阵的最小单元，经过串并联可达到用户需要的电池方阵结构。单体电池的选择主要以短路电流、开路电压、峰值电流、峰值电压、峰值功率 5 个基本参数为依据，进而组合成所需的电池方阵。本节主要学习单体电池的参数特性。

【任务实施】

1. 电池组件与单体电池

光伏电池组件是把多个单体的光伏电池片，根据需要串并联起来，并通过专用材料和专门的生产工艺进行封装后形成的产品。单体电池与电池组件的区别如下。

1）单体光伏电池机械强度差，厚度只有 2μm 左右，薄而易碎。

2）光伏电池易腐蚀，若直接暴露在大气中，电池的转换效率会受到潮湿、灰尘、酸碱物质、冰雹、风沙以及氧气等的影响而下降，电池的电极也会被氧化、锈蚀脱落甚至会导致电池失效。

3）单体光伏电池的输出电压、电流和功率都很小，工作电压只有 0.48 ~ 0.5V，由于受硅片材料尺寸的限制，单体光伏电池片输出功率最大也只有 3 ~ 4W，远不能满足实际应用的需求。

目前太阳能光伏发电系统采用的光伏电池组件主要以晶体硅材料为主（包括单晶硅和多晶硅），因此本节将主要介绍晶体硅光伏电池的参数，主要包括短路电流、开路电压、峰值电流、峰值功率、填充因子，并认识光伏电池的电能输出特性。

2. 单体电池参数分析

（1）短路电流 I_s

当将光伏电池的正负极短路，使电池输出电压为零，此时的电流就是单体光伏电池的短路电流，短路电流的单位是 A（安），短路电流随着光的强度的变化而变化。

（2）开路电压 U_o

当将光伏电池的正负极不接负载，即 $I = 0$ 时，此时光伏电池正负极间的电压就是开路电压，开路电压的单位是 V（伏）。单体光伏电池的开路电压不随电池片面积的增减而变化，一般为 0.5 ~ 0.7V。

（3）峰值电流 I_m

峰值电流也叫最大工作电流或最佳工作电流。峰值电流是指单体光伏电池输出最大功率时的工作电流，峰值电流的单位是 A（安）。

（4）峰值电压 U_m

峰值电压也叫最大工作电压或最佳工作电压。峰值电压是指单体光伏电池输出最大功率时的工作电压，峰值电压的单位是 V（伏）。单体光伏电池峰值电压不随电池片面积的增减而变化，一般为 0.45 ~ 0.5V，典型值为 0.48V。

（5）峰值功率 P_m

峰值功率也叫最大输出功率或最佳输出功率。峰值功率是指光伏电池片正常工作或测试条件下的最大输出功率，也就是峰值电流与峰值电压的乘积：$P_m = I_m U_m$。峰值功率的单位是 W（瓦）。光伏电池的峰值功率取决于太阳辐照度、太阳光谱分布和电池片的工作温度，因此光伏电池的测量要在标准条件下进行，测量标准为欧洲委员会的 101 号标准，其条件是：辐照度 1kW/m^2、光谱 AM1.5、测试温度 25℃。

（6）填充因子 FF

填充因子也叫曲线因子，是指光伏电池的最大输出功率与开路电压和短路电流乘积的比值，计算公式为

$$FF = \frac{P_m}{I_s U_o}$$

填充因子是用来评价光伏电池输出特性的。

注：上述参数的测量条件都为标准光照下所获得。

2.2.2 单体电池输出特性分析

【任务说明】

光伏单体电池是光伏电池方阵的组成单元，光伏发电最大功率跟踪是光伏发电系统应用

的关键问题，如何获取光伏电池方阵的最大功率，就必须对单体电池的输出特性进行认识和理解。

【任务实施】

1. 光伏电池光照情况下的电流电压关系（亮特性）

光生少数载流子在内建电场驱动下定向地运动，在 PN 结内部产生了 N 区指向 P 区的光生电流 I_L，光生电动势等价于加载在 PN 结上的正向电压 V，它使得 PN 结势垒高度降低。开路情况下光生电流与正向电流相等时，PN 结处于稳态，两端具有稳定的电势差 U_{oc}，这就是光伏电池的开路电压 U_{oc}。如图 2-16 所示，在闭路情况下，光照作用会有电流流过 PN结，显然 PN 结相当于一个电源。

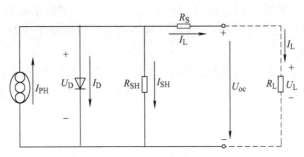

图 2-16　光伏电池等效电路图

I_{PH} 为光伏电池内部的光生电流，与光伏电池辐照强度、受光面积成正比。I_D 为光伏电池内部暗电流，其反映光伏电池自身流过 PN 结的单向电流；I_L 为光伏电池输出流过负载的电流；I_{SH} 为 PN 结的漏电流；R_{SH} 为光伏电池内部的等效旁路电阻，其值较大，一般可达几千欧姆；R_S 为光伏电池内部等效串联电阻，其值一般较小，小于 1Ω；U_L 为负载两端电压。

光电流 I_L 在负载上产生电压降，这个电压降可以使 PN 结正偏。从图 2-16 可知，其中流过负载的电流：

$$I_L = I_{PH} - I_D - I_{SH}$$

$$I_D = I_0 \left[\exp\left(\frac{qU_D}{AKT}\right) - 1 \right]$$

$$I_L = I_{PH} - I_0 \left[\exp\left(\frac{qU_D}{AKT}\right) - 1 \right] - \frac{U_D}{R_{SH}}$$

$$I_{sc} = I_0 \left[\exp\left(\frac{qU_{oc}}{AKT}\right) - 1 \right]$$

式中，I_0 为光伏电池内部等效二极管的 PN 结反向饱和电流，近似常数，不受光照强度影响；I_{sc} 为光伏电池内部的短路电流。从前可知，R_{SH} 阻值较大且 R_S 的电阻较小，所以上式可以变换为：

$$I_L = I_{PH} - I_D - I_{SH} \approx I_{PH} - I_D$$

所以光伏电池输出功率可表示为：

$$P = U_L I_L = U_L I_{PH} - U_L I_0 \left[\exp\left(\frac{qU_L}{AKT}\right) - 1 \right]$$

式中，q 为电子电荷，$q = 1.6 \times 10^{-19}$C；K 为波尔兹曼常数，$K = 1.38 \times 10^{-23}$J/K；A 为光伏

电池内部 PN 结的曲线常数。

开路电压 U_{oc} 和短路电流 I_{sc} 是光伏电池的两个重要参数。这两个参数通过稳定光照下光伏电池 $I\text{-}U$ 特性曲线与电流、电压轴的截距得到。随着光照强度的增大，光伏电池的短路电流和开路电压都会增大，但是变化的规律不同。短路电流 I_{sc} 与光照强度成正比，开路电压 U_{oc} 随着光照强度呈对数式增大。此外，从光伏电池的工作原理考虑，开路电压 U_{oc} 不会随着光照强度增大而无限增大，它的最大值是使得 PN 结势垒为 0 时的电压值。换句话说光伏电池的最大光生电压为 PN 结的势垒高度 U_D，是一个与材料带隙、掺杂水平等有关的值。实际情况下最大开路电压值与材料的带隙宽度相当。

2. 光伏电池的效率

光伏电池本质上是一个能量转化器件，它把光能转化为电能。因此研究光伏电池的效率是非常必要的。根据热力学原理，任何能量的转化过程都存在效率问题，实际的能量转化过程效率不可能是 100% 的。就光伏电池而言，需要知道转化效率和哪些因素有关，从而提高光伏电池的效率，最终满足生产生活的要求。光伏电池的转换效率 η 定义为：输出电能 P_m 和入射光能 P_{in} 的比值，公式如下所示：

$$\eta = \frac{P_m}{P_{in}} \times 100\% = \frac{I_m U_m}{P_{in}} \times 100\%$$

其中 $I_m U_m$ 在 $I\text{—}U$ 关系中构成一个矩形，叫作最大功率矩形。图 2-17 所示的光特性 $I\text{—}U$ 曲线与电流、电压轴交点分别是短路电流和开路电压。最大功率矩形取值点 P_m 的物理含义是太阳能电池最大输出功率点，数学上是 $I\text{—}U$ 曲线上坐标相乘的最大值点。短路电流和开路电压也自然构成一个矩形，面积为 $I_{sc} U_{oc}$，定义 $\dfrac{I_m U_m}{I_{sc} U_{oc}}$ 为占空系数，图形中它是两个矩形面积的比值。占空系数反映了光伏电池可实现功率的度量，占空系数一般在 0.7 ~ 0.8 之间。

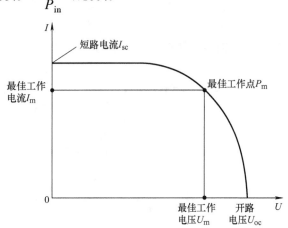

图 2-17　光特性的 $I\text{—}U$ 曲线

光伏电池本质上是一个 PN 结，因而具有一个确定的禁带宽度。从原理我们得知只有能量大于禁带宽度的入射光子才有可能激发光生载流子并继而发生光电转化。因此，入射到光伏电池的太阳光光子能量只有高于禁带宽度的部分才会实现能量的转化。硅系光伏电池的最大效率是 28% 左右。对光伏电池效率有影响的还有其他很多因素，如大气对太阳光的吸收、表面保护涂层的吸收、反射、串联电阻热损失等。综合考虑起来，光伏电池的能量转换效率在 10% ~ 20% 之间。

为了提高单位面积的光伏电池的输出功率，可以采用通过光学透镜集中太阳光的方法。太阳光强度可以提高几百倍，短路电流线性增大，开路电流也呈指数式增大。不过经过具体的理论分析发现，光伏电池的效率随着光照强度的增大不是急剧增大，而是有轻微增大。考虑到透镜的价格与光伏电池比相对低廉，因此采用透镜集中的方式也是一个有优势的技术选择。

3. 光伏电池光谱响应

光谱响应表示不同波长的光子产生电子–空穴对的能力。定量地说，光伏电池的光谱响应就是当某一波长的光照射在电池表面时，每一光子平均所能收集到的载流子数。光伏电池的光谱响应又分为绝对光谱响应和相对光谱响应。各种波长的单位辐射光能或对应的光子入射到光伏电池上，将产生不同的短路电流，按波长的分布求得其对应的短路电流变化曲线称为光伏电池的绝对光谱响应。如果每一波长以等量的辐射光能或等光子数入射到光伏电池上，所产生的短路电流与其中最大短路电流比较，按波长的分布求得其比值变化曲线，这就是该光伏电池的相对光谱响应。但是，无论是绝对还是相对光谱响应，光谱响应曲线峰值越高、越平坦，对应电池的短路电流密度就越大，效率也越高。

从光伏电池的应用角度来说，光伏电池的光谱响应特性与光源的辐射光谱特性相匹配是非常重要的，这样可以更充分地利用光能和提高光伏电池的光电转换效率。例如，有的光伏电池在太阳光照射下能确定转换效率，但在荧光灯这样的室内光源下就无法得到有效的光电转换。不同的光伏电池与不同的光源的匹配程度是不一样的。而光强和光谱的不同，会引起光伏电池输出的变动。

4. 光伏电池温度特性

除了光伏电池的光谱特性外，温度特性也是光伏电池的一个重要特征。对于大部分光伏电池，随着温度的上升，短路电流上升，开路电压减少，转换效率降低。图 2-18 为非晶硅光伏电池片输出特性随温度变化的一个例子。

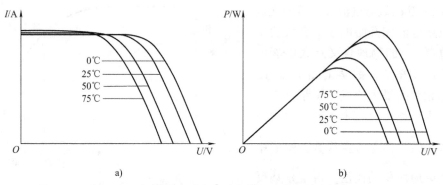

图 2-18　不同温度时非晶硅光伏电池片的输出特性

a) I—U 特性曲线　b) P—U 特性曲线

表 2-1 给出了单晶硅、多晶硅、非晶硅光伏电池输出特性的温度系数（温度变化 1℃ 对应参数的变化率，单位为 %/℃）测定的一次实验结果。可以看出，随着温度变化开路电压变小，短路电流略微增大，导致转换效率变低。单晶硅与多晶硅转换效率的温度系数几乎相同，而非晶硅因为它的间隙大而导致它的温度系数较低。

表 2-1　单晶硅、多晶硅与非晶硅光伏电池随温度变化的变化率

种　　类	开路电压 U_{oc}	短路电流 I_{sc}	填充因子 FF	转换效率 η
单晶硅光伏电池	−0.32	0.09	−0.10	−0.33
多晶硅光伏电池	−0.30	0.07	−0.10	−0.33
非晶硅光伏电池	−0.36	0.10	0.03	−0.23

注：表中的数值表示温度变化 1℃ 的变化率/(%/℃)。

在光伏电池板实际应用时必须考虑它的输出特性受温度的影响，特别是室外的光伏电池，由于阳光的作用，太阳能电池在使用过程中温度变化会比较大，因此温度系数是室外使用光伏电池板时需要考虑的一个重要参数。

2.3 光伏电池组件特性分析

2.3.1 光伏电池组件参数分析

【任务说明】

光伏电池组件是由单体电池经过串并联得到的，实际功率大小可以由用户自己决定。一般规格组件输出峰值功率有 100W、120W、160W、180W、200W、280W、300W 等不同规格。在进行光伏系统设计构建光伏方阵时必须对单体组件进行参数测量，再进行串并联，才能获得最大电池方阵功率。本节的任务是分析常见规格电池组件的单体电池串并联设计方法，学习电池组件的参数意义及参数测量方法。

【任务实施】

1. 电池组件设计

在生产电池组件之前，要对电池组件的外形尺寸、输出功率以及电池片的排列布局等进行设计，这种设计在业内就叫光伏电池组件的板型设计。电池组件板型设计的过程是一个对电池组件的外形尺寸、输出功率、电池片排列布局等因素综合考虑的过程。设计者既要了解电池片的性能参数，还要了解电池组件的生产工艺和用户的使用需求，使电池组件尺寸合理，电池片排布紧凑美观。

组件的板型设计一般从两个方向入手：一是根据现有电池片的功率和尺寸确定组件的功率和尺寸大小；二是根据组件尺寸和功率要求选择电池片的尺寸和功率。

电池组件不论功率大小，一般都是由 36 片、72 片、54 片和 60 片等多种串联形式组成。常见的排布方法有 4 片 ×9 片、6 片 ×6 片、6 片 ×12 片、6 片 ×9 片和 6 片 ×10 片等。下面就以 36 片串联形式的电池组件为例介绍电池组件的板型设计方法。例如，要生产一块 20W 的光伏电池组件，现在手头有单片功率为 2.2～2.3W 的 125mm ×125mm 单晶硅电池片，需要确定板型和组件尺寸。根据电池片情况，首先确定选用 2.3W 的电池片 9 片（组件功率为 2.3W × 9 =20.7W，符合设计要求，设计时组件功率误差在 ±5% 以内可视为合格），并将其 4 等分切割成 36 小片，电池片排列可采用 4 片 ×9 片（如图 2-19 所示）或 6 片 ×6 片的形式。图 2-19 中电池片与电池片中的间隙根据板型大小一般取 2～3mm，上边距取 35～50mm，下边距取 20～35mm，左右边距取 10～20mm。这些尺寸都确定以后，就确定了玻璃的长宽尺寸。假如上述板型都按最小间隙和边距尺寸选取，则 4 片 ×9 片板型的玻璃尺寸长为 633.5mm，取整为

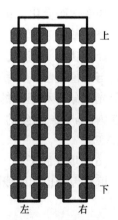

图 2-19　组件串并联

635mm，宽为 276mm；6 片 ×6 片板型的玻璃尺寸长为 440mm，宽为 405mm。组件安装边框后，长宽尺寸一般要比玻璃尺寸大 4～5mm，因此一般所说的组件外形尺寸都是指加上

边框后的尺寸。

板型设计时要尽量选取较小的边距尺寸，使玻璃、EVA、TPT及组件板型设计排布简约，同时组件重量减轻。另外，当用户没有特殊要求时，组件外形应该尽量设计为准正方形，因为同样面积下，正方形周长最短，做同样功率的电池组件，可少用边框铝型材。

当已经确定组件尺寸时，不同转换效率的电池片做出的电池组件的功率不同。例如，外形尺寸为1200mm×550mm的板型是用36片125mm×125mm电池片组成的常规板型，当用不同转换效率（功率）的电池片时，就可以分别做出70W、75W、80W或85W等不同功率的组件。除特殊要求外，生产厂家基本都按照常规板型进行生产。

2. 光伏电池组件的性能测试

与硅光伏电池的主要性能参数类似，光伏电池组件的性能参数也主要有：短路电流、开路电压、峰值电流、峰值电压、峰值功率、填充因子和转换效率等。这些性能参数的概念与前面所定义的硅光伏电池的性能参数相同，只是在具体的数值上有所区别。

（1）短路电流 I_{sc}

当将光伏电池组件的正负极短接，使电池输出电压为零，此时的电流就是电池组件的短路电流，短路电流随着光强的变化而变化。

（2）开路电压 U_{oc}

当太阳能电池组件的正负极不接负载时，组件正负极间的电压就是开路电压。光伏电池组件的开路电压随电池片串联数量的变化而变化，36片电池片串联的组件开路电压为21V左右。

（3）峰值电流 I_m

峰值电流是指太阳能电池组件输出最大功率时的工作电流。

（4）峰值电压 U_m

峰值电压是指光伏电池组件输出最大功率时的工作电压。组件的峰值电压随电池片串联数量的变化而变化，36片电池片串联的组件峰值电压为17～17.5V。

（5）峰值功率 P_m

峰值功率是指光伏电池组件在正常工作或测试条件下的最大输出功率，也就是峰值电流与峰值电压的乘积，即 $P_m = I_m \times U_m$。光伏电池组件的峰值功率取决于太阳辐照度、太阳光谱分布和组件的工作温度，因此光伏电池组件的测量要在标准条件下进行，测量标准为欧洲委员会的101号标准，其条件是：辐照度1kW/mz、光谱AMl.5、测试温度25℃。

（6）填充因子

填充因子也叫曲线因子，是指光伏电池组件的最大功率与开路电压和短路电流乘积的比值即：

$$FF = \frac{P_m}{I_{sc}U_{oc}}$$

填充因子是评价光伏电池组件所用电池片输出特性好坏的一个重要参数，它的值越高，表明光伏电池组件输出特性越趋于矩形，其光电转换效率越高。光伏电池组件的填充因子系数一般在0.5～0.8之间，也可以用百分数表示。

（7）转换效率

转换效率是指光伏电池组件受光照时的最大输出功率与照射到组件上的太阳能量功率的比值。即：

$$\eta = \frac{p_m}{p_{in}} \times 100\% = \frac{I_m V_m}{A(电池组件有效面积) \times P_{in}(单位面积的入射光功率)} \times 100\%$$

其中，$P_{in} = 1000W/m^2 = 100mW/cm^2$。

2.3.2 光伏电池组件串并联特性分析

【任务说明】

光伏电池方阵是为满足高电压、大功率的发电要求，由若干个光伏电池组件通过串并联连接，并通过一定的机械方式固定组合在一起的。除光伏电池组件的串并联组合外，光伏电池方阵还需要防反充（防逆流）二极管、旁路二极管、电缆等对电池组件进行电气连接，并配备专用的、带避雷器的直流接线箱。有时为了防止鸟粪等沾污光伏电池方阵表面而产生热斑效应，还要在方阵顶端安装驱鸟器。本节内容主要学习光伏电池组件的串并联特性。

1）理解热斑效应，分析在串、并联情况下热斑效应对电池组件输出功率的影响。

2）能独立设计电路和参数表，解决串、并联电池组热斑效应。

【任务实施】

1. 光伏电池组件的热斑效应

当光伏电池组件或其中某一部分被鸟粪、树叶、阴影覆盖时，被覆盖部分不仅不能发电，还会被当作负载消耗其他有光照的光伏电池组件的能量，引起局部发热，这就是热斑效应。这种效应会严重地破坏光伏电池，严重的可能会使焊点熔化、封装材料被破坏，甚至会使整个组件失效。产生热斑效应的原因除了以上情况外，还有个别质量不好的电池片混入电池组件，例如电极焊片虚焊、电池片隐裂或破损、电池片性能变差等因素，需要引起注意。

2. 光伏电池组件的串并联组合

光伏电池方阵的连接有串联、并联和串、并联混合多种方式。当每个单体的电池组件性能一致时，多个电池组件的串联连接，可在不改变输出电流的情况下，使方阵输出电压成比例地增加。而组件并联连接时，则可在不改变输出电压的情况下，使方阵的输出电流成比例地增加。串、并联混合连接时，既可增加方阵的输出电压，又可增加方阵的输出电流。但是，组成方阵的所有电池组件性能参数不可能完全一致，所有的连接电缆、插头插座电阻也不相同，于是会造成各串联电池组件的工作电流受限于其中电流最小的组件；而各并联电池组件的输出电压又会被其中电压最低的电池组件所限制。因此方阵组合会产生组合连接损失，使方阵的总效率总是低于所有单个组件的效率之和。组合连接损失的大小取决于电池组件性能参数的离散性，因此在电池组件的生产过程中，除了尽量提高电池组件性能参数的一致性外，还要对电池组件进行测试、筛选、组合，尽量把特性相近的电池组件组合在一起。例如，串联组合的各组件工作电流要尽量相近，每串的总工作电压也要考虑搭配得尽量相近，最大幅度地减少组合连接损失。因此，方阵组合连接要遵循下列4条原则。

1）串联时需要工作电流相同的组件，并为每个组件并联旁路二极管。

2）并联时需要工作电压相同的组件，并在每一条并联线路中串联防反充二极管。

3）尽量考虑组件连接线路最短，并用较粗的导线。

4）严格防止个别性能变差的电池组件混入电池方阵。

3. 热斑效应对串联电池组件输出功率的影响

图 2-20 为典型的串联电池组件结构图。假设受遮挡电池组件为 2 号，在图 2-21 中用 I-U 曲线 2 表示；其余电池组件合起来定义为 1 号，用 I-U 曲线 1 表示；两者的串联方阵为组（G），用 I-V 曲线 G 表示。

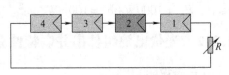

图 2-20　串联电池组件结构图

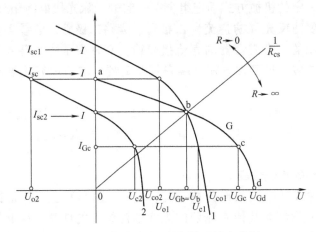

图 2-21　串联电池组件的热斑效应分析

可以从 d，c，b，a 这 4 种工作状态进行分析。

1）调节负载，使其工作在开路点 d，此时工作电流为 0，电池组件开路电压 U_{Gd} 等于电池 1 和电池 2 的开路电压之和。

2）调节负载，使其工作在 c 点，电池 1 和电池 2 都有正的功率输出。

3）调节负载，使其工作在 b 点，此时电池 1 仍然工作在正功率输出，而受遮挡的电池 2 已经工作在短路状态，没有功率输出，但也还没有成为电池 1 的负载。

4）调节负载，使其工作在短路状态 a 点，此时电池 1 仍然有正的功率输出，而电池 2 上的电压已经反向，电池 2 成为电池 1 的负载。

应当注意到，并不是仅在电池组件处于短路状态才会发生热斑效应，从 b 点到 a 点的工作区间，电池 2 都处于接收功率的状态，如旁路型控制器在蓄电池充满时通过旁路开关将光伏电池短路，此时就很容易形成热斑。

4. 热斑效应对并联电池组件输出功率的影响

多组并联的光伏电池组件也有可能形成热斑，图 2-22 为并联电池组件结构图，假设其中某个电池组件被遮挡，调节负载 R，可使这组太阳能电池

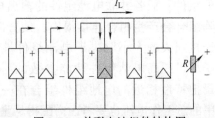

图 2-22　并联电池组件结构图

组件的工作状态由开路到短路变化。

图 2-23 为并联电池组件的热斑效应分析，假设受遮挡电池组件定义为 2 号，用 I-U 曲线 2 表示；其余电池组件合起来定义为 1 号，用 I-V 曲线 1 表示；两者的并联方阵为组（G），用 I-V 曲线 G 表示。

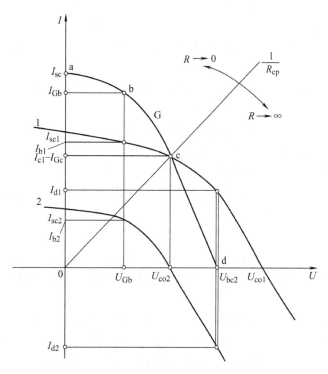

图 2-23　并联电池组件的热斑效应分析

可以从 d，c，b，a 这 4 种工作状态进行分析。

1）调整电池组件的输出阻抗，使其工作在短路点 a，此时电池组件的工作电压为零，短路电流 I_{sc} 等于电池 1 和电池 2 的短路电流之和。

2）当调整负载使电池组件工作在 b 点，电池 1 和电池 2 都有正的功率输出。

3）当电池组件工作在 c 点，此时电池 1 仍然有正功率输出，而受遮挡的电池 2 已经在开路状态，没有功率输出，但也还没有成为电池 1 的负载。

4）当电池组件工作在开路状态 d 点，此时电池 1 仍然有正的功率输出，而电池 2 上的电流已经反向，电池 2 成为电池 1 的负载，此时电池 1 的功率全部加到了电池 2 上，如果这种状态持续时间很长或电池 1 的功率很大，也会在被遮挡的电池 2 上造成热斑损伤。

应当注意到，从 c 点到 d 点的工作区间，电池 2 都处于接收功率的状态。并联电池组件处于开路或接近开路状态在实际工作中也有可能，对于脉宽调制控制器，要求只有一个输入端，当系统功率大，太阳能电池会采用多组并联，在蓄电池接近充满时，脉宽变窄，开关晶体管处于接近截止状态，光伏电池组件的工作点向开路方向移动，如果没有在各并联支路上加装阻断二极管，发生热斑效应的概率就会很大。

5. 防反充（防逆流）和旁路二极管

在光伏电池方阵中，二极管是很重要的器件，常用的二极管基本都是硅整流二极管，在选用时规格参数要注意留有余量，防止击穿损坏。一般反向峰值击穿电压和最大工作电流都要取最大运行工作电压和工作电流的 2 倍以上。二极管在太阳能光伏发电系统中主要分为以下两类。

(1) 防反充（防逆流）二极管

防反充二极管的作用之一是防止太阳能电池组件或方阵在不发电时，蓄电池的电流反过来向组件或方阵倒送，不仅消耗能量，而且会使组件或方阵发热甚至损坏；作用之二是在电池方阵中，防止方阵各支路之间的电流倒送。这是因为串联各支路的输出电压不可能绝对相等，各支路电压间总有高低之差，或者某一支路因为故障、阴影遮蔽等使该支路的输出电压降低，高电压支路的电流就会流向低电压支路，甚至会使方阵总体输出电压降低。在各支路中串联接入防反充二极管就避免了这一现象的发生。

在独立光伏发电系统中，有些光伏控制器的电路上已经接入了防反充二极管，即控制器带有防反充功能时，组件输出就不需要再接二极管了。

防反充二极管存在正向导通压降，串联在电路中会有一定的功率消耗，一般用的硅整流二极管的管压降为 0.7V 左右，功率大的管可达 1~2V。肖特基二极管虽然管压降较低，为 0.2~0.3V，但其耐压和功率都较小，适合小功率场合的应用。

(2) 旁路二极管

当有较多的光伏电池组件串联组成电池方阵或电池方阵的一个支路时，需要在每块电池板的正负极输出端反向并联 1 个（或 2~3 个）二极管，这个并联在组件两端的二极管就叫旁路二极管。

旁路二极管的作用是防止方阵中的某个组件或组件中的某一部分被阴影遮挡或出现故障停止发电时，在该组件的旁路二极管两端会形成正向偏压使二极管导通，组件工作电流绕过出故障的组件，经其二极管旁路流过，不影响其他正常组件的发电。

旁路二极管一般直接安装在组件接线盒内，根据组件功率大小和电池片串的多少，安装 1~3 个二极管，如图 2-24 所示。其中左图采用一个旁路二极管，当该组件被遮挡或有障碍时，组件将被全部旁路；右图采用 2 个二极管将电池组件分段旁路，当该组件的某一部分有故障时，可以做到支旁路组件的 1/2，其余部分仍然可以正常工作。

旁路二极管也不是任何场合都需要的，当组件单独使用或并联使用时，是不需要接二极管的。对于组件串联数量不多且工作环境较好的场合，也可以考虑不用旁路二极管。

6. 光伏电池方阵的基本电路

光伏电池方阵的基本电路由光伏电池组件、旁路二极管、防反充二极管和带防雷器的直流接线箱

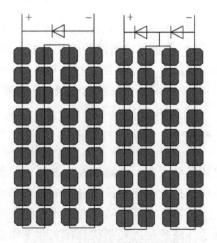

图 2-24　旁路二极管接法示意图

等构成，常见电路形式有并联方阵电路、串联方阵电路和串、并联混合方阵电路，如图 2-25 所示。

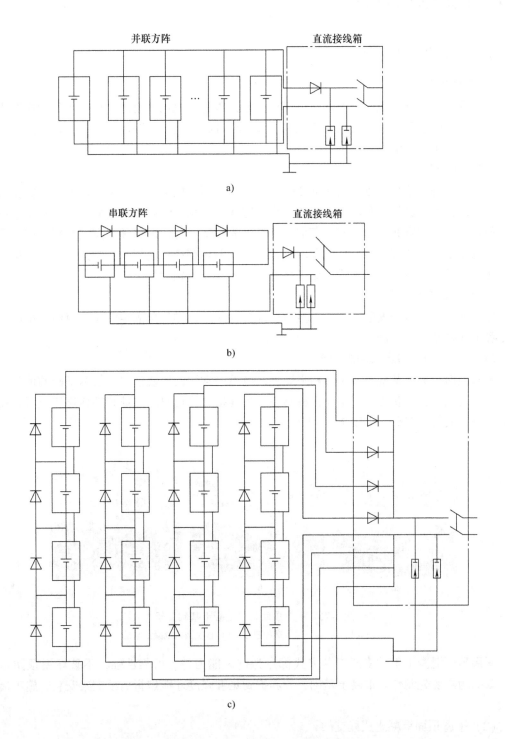

图 2-25 光伏电池方阵基本电路图

a) 并联方阵电路 b) 串联方阵电路 c) 串、并联混合方阵电路

2.4 光伏支架结构设计

2.4.1 固定式光伏支架

【任务说明】

光伏支架作为光伏电站重要的组成部分，承载着光伏电站的发电主体。支架的选择直接影响光伏组件的运行安全、破损率及建设投资等，选择合适的光伏支架不但能降低工程造价，也可以减少后期的养护成本。

【任务实施】

光伏电池阵列不随太阳入射角的变化而转动，以固定的方式接收太阳辐射。根据倾角设定情况可以分为：最佳倾角固定式、坡屋顶固定式和倾角可调式。最佳倾角固定式是指以获取辐射量最大的固定倾斜角方式，获取全年最大累积辐射量；坡屋顶固定式是指以坡屋顶为倾斜角的固定安装方式，与最佳倾角固定式相比辐射量存在一定损失；倾角可调式是指定期调整倾斜角的安装方式，该方式主要为提高获取各季节的辐射量。

1. 最佳倾角固定式

先计算出当地最佳安装倾斜角，然后全部阵列采用该倾斜角固定安装，目前在平屋顶面电站和地面电站广泛使用。

（1）平屋顶面混凝土基础支架

平屋顶面混凝土基础支架是目前平屋顶面电站中常用的安装形式，根据基础的形式可以分为条形基础和独立基础。支架支撑柱与基础的连接方式可以通过地脚螺栓连接或者直接将支撑柱嵌入混凝土基础，如图 2-26 所示。

a)   b)   c)

图 2-26 平屋顶面独立混凝土基础支架

a）基础支架 b）地脚螺栓连接 c）直接嵌入混凝土基础

平屋顶面混凝土基础支架安装方式优点为抗风能力好，可靠性强，不破坏屋顶防水结构。缺点为需要先制作好混凝土基础，并养护到足够强度才能进行后续支架安装，施工周期较长。

（2）平屋顶面混凝土压载支架

混凝土压载支架施工方式简单，可在制作配重块时同时进行支架安装，节省施工时间，但其抗风能力相对较差，设计配重块的重量时需要充分考虑当地的最大风力，如图 2-27

所示。

图 2-27 平屋顶面混凝土压载支架

（3）地面电站混凝土基础支架

地面电站混凝土基础支架多种多样，根据不同的地质情况，选择对应的安装方式。以下主要介绍现浇钢筋混凝土基础、独立及条形混凝土基础、预制混凝土空心柱 3 种常见的混凝土基础安装形式。

1）现浇钢筋混凝土基础。根据基础形式不同，现浇钢筋混凝土基础可分为现浇混凝土桩和浇注锚杆。施工工艺都是先开孔，然后放入钢筋和混凝土，经养护凝固后与支架连接。其中现浇钢筋混凝土桩基础可以通过埋设地脚螺栓与支架支撑柱联接，也可以直接将支撑柱嵌入混凝土中，浇注锚杆基础不需成桩。现浇钢筋混凝土基础开挖土方量少，混凝土及钢筋用量小，造价较低、施工速度快。但施工易受季节和天气等环境因素影响，施工要求高，一旦做好后无法再调节，如图 2-28 所示。

a)　　　　　　　　　　　b)　　　　　　　　　　　c)

图 2-28 现浇钢筋混凝土基础
a）直接嵌入基础　b）地脚螺栓联接　c）浇注锚杆

2）独立及条形混凝土基础。独立及条形混凝土基础采用配筋扩展式基础，施工方式简单，地质适应性强，基础埋置深度相对较浅。但工程量大，所需人工多，土方开挖及回填量大，施工周期长，对环境的破坏大，如图 2-29 所示。

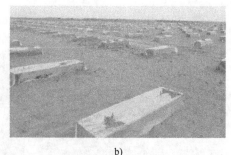

a)   b)

图 2-29 独立及条形混凝土基础

a) 独立混凝土基础 b) 条形混凝土基础

3）预制混凝土空心柱。预制混凝土空心柱广泛用于水光互补电站、滩涂地电站等地质条件较差的电站。同时由于基础高度优势，也被较多用于山地电站以及农光互补电站，如图 2-30 所示。

a)   b)

图 2-30 预制混凝土空心柱基础支架

a) 水光互补电站 b) 山地电站

（4）地面电站-金属桩支架

金属桩支架在地面电站中应用同样非常广泛，主要可分为螺旋桩基础支架和冲击桩基础支架。

1）螺旋桩基础支架。螺旋桩基础支架根据是否带法兰盘分为带法兰盘螺旋桩支架和不带法兰盘螺旋桩支架；根据子叶形状又分为窄叶连续型螺旋桩支架和宽叶间隔型螺旋桩支架，如图 2-31 所示。

a)   b)

图 2-31 螺旋桩基础支架

a) 带法兰盘螺旋桩支架 b) 不带法兰盘螺旋桩支架

带法兰盘的螺旋桩可用于单柱安装或双柱安装，而不带法兰盘的螺旋桩一般只用于双柱安装。宽叶间隔型螺旋桩支架的抗拉拔性要好于窄叶连续型螺旋桩支架，在风力较大地区应优先考虑宽叶间隔型螺旋桩支架。

2）冲击桩基础支架。冲击桩基础支架也叫金属纤杆基础支架，主要是利用打桩机直接将 C 型钢、H 型钢或其他结构型钢打入地面，这种安装方式非常简单，但抗拉拔性能较差，如图 2-32 所示。

图 2-32　冲击桩基础支架

对于冲击桩基础支架，其优点主要有：用打桩机把钢桩打入土中，无须开挖地面，更环保；不受季节气温等限制，可在包括北方冬季的各种气候条件下施工；施工快捷方便，大幅缩短了施工周期，能方便迁移及回收；打桩过程中基础便于调节高度。其缺点主要有：在土质坚硬地区打桩很困难；在含碎石较多地区打桩容易破坏镀锌层；在盐碱地区使用时，支架的抗腐蚀能力较差。

2. 坡屋顶固定式

考虑到坡屋顶承载能力一般较差，在坡屋顶上组件大都直接平铺安装，组件方位角及倾角一般与屋面一致。根据坡屋顶的不同，可分为瓦片屋顶安装系统与轻钢屋顶安装系统。

（1）瓦片屋顶安装系统

瓦片屋顶安装系统主要由挂钩、导轨、压块以及螺栓等连接件组成，如图 2-33 所示。首先将挂钩固定在瓦片下面的混凝土板或檩条上，然后通过螺栓将导轨安装在挂钩上，最后利用压块将组件固定在导轨上。

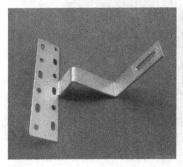

图 2-33　瓦片屋顶安装系统连接件

（2）轻钢屋顶安装系统

轻钢屋顶也叫彩钢瓦屋顶，主要用于工业厂房、仓库等。根据彩钢瓦形式的不同，可以将其分为角驰型轻钢屋顶、直立锁边型轻钢屋顶以及梯形轻钢屋顶，如图2-34所示。

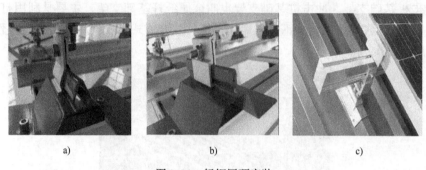

图2-34 轻钢屋顶安装

a）角驰型轻钢屋顶 b）直立锁边型轻钢屋顶 c）梯形轻钢屋顶

角驰型轻钢屋顶和直立锁边型轻钢屋顶主要通过夹具作为连接件，将导轨固定在顶面上，而梯形轻钢屋顶需要采用自攻螺栓将连接件固定在顶面。不管哪一种顶面形式，在选择连接件时一定要进行实地测量"角驰""直立边""梯形"尺寸，确保连接件和顶面匹配，而在安装梯形轻钢屋顶支架时还要做好防水措施，避免螺栓钻孔处发生漏水。

3. 倾角可调式

倾角可调式是指随着太阳入射角变化，定期调节支架倾角，增加太阳光直射吸收，在成本略增加的情况下提高发电量，如图2-35所示。

图2-35 倾角可调式支架

a）推拉杆式可调支架 b）圆弧式可调支架 c）千斤顶式可调支架 d）液压式可调支架

2.4.2 跟踪式光伏支架

【任务说明】

为提高光伏电站的发电量，降低每度电成本，增加投资的经济效益，可以采用光伏自动跟踪技术。光伏自动跟踪形式有双轴跟踪、斜单轴、平单轴3种。本节主要学习各跟踪方式对光伏发电的影响。

【任务实施】

1. 光伏跟踪方式

跟踪式光伏支架通过机电或液压装置使光伏阵列随着太阳入射角的变化而移动，从而使太阳光尽量直射组件面板，提高光伏阵列发电能力。根据跟踪轴的数量分为：单轴跟踪系统和双轴跟踪系统，单轴跟踪系统主要有斜单轴、平单轴形式。

1）双轴跟踪系统跟踪范围大的同时占地面积也大，安装容量容易受安装环境影响。安装相对复杂，抗风能力一般，一次性投入相对较高，在电池板价格低的情况下，经济价值一般。安装结构示意图如图2-36所示。

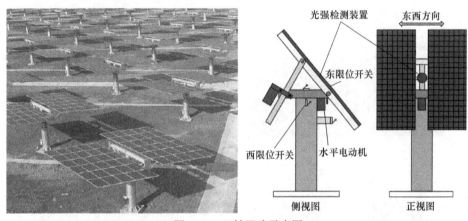

图2-36 双轴跟踪示意图

2）斜单轴跟踪系统安装容量、跟踪范围一方面受环境的影响，另一方面受顶杆电动机行程的约束，抗风能力较好，安装比较简单，性价比较高，如果安装在斜坡上则优势更明显。

3）平单轴跟踪系统跟踪范围大、安装简单、容易扩展容量，容量大时造价低，抗风能力强，经济性能高，更适合在赤道附近地区应用，同时对地基平面要求高。

从发电效率来看：

● 平单轴跟踪系统发电量提高10%~20%，成本增加3%~5%，单机最大功率50kW。

● 斜单轴跟踪系统发电量提高20%~30%，成本增加10%，单机最大功率3.3kW。

● 双轴跟踪系统发电量提高30%~40%，成本增加15%，单机最大功率10kW。

在光伏电站设计中，要不要跟踪因地而异，完全由综合技术经济性来判定。从以上3种跟踪技术比较来说，通常是斜单轴跟踪效果比较好，平单轴适合于低纬度地区（30°内）。对平板光伏电池方阵，在光伏电池组件已大幅降价之后，一般不必选择双轴跟踪。因为双轴跟踪可靠性并不高，给维护带来很多麻烦。图2-37所示分别为斜单轴跟踪系统的原理图和前视图。

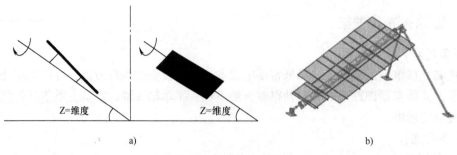

Z=维度   Z=维度

a)   b)

图2-37　斜单轴跟踪系统

a）原理图　b）前视图

2. 平单轴跟踪系统

平单轴跟踪系统广泛应用于低纬度地区，光伏方阵可以随着一根水平轴东西方向跟踪太阳，以获得较大的发电量。根据南北方向有无倾角，平单轴跟踪方式分为标准平单轴跟踪式和带倾角平单轴跟踪式，如图2-38所示。

a)

b)

图2-38　平单轴跟踪系统

a）标准平单轴跟踪式　b）带倾角平单轴跟踪式

3. 斜单轴跟踪系统

斜单轴跟踪系统适合应用于较高纬度地区，其追踪轴在东西方向转动的同时向南设置一定倾角，围绕该倾斜轴旋转跟踪太阳方位角以获取更大的发电量，如图2-39所示。

4. 双轴跟踪系统

双轴跟踪系统采用两根轴转动（立轴、水平轴）对太阳光线实时跟踪，以保证每一时刻太阳光线都与组件板面垂直，以此来获得最大的发电量，适合在各个纬度地区使用，如图2-40所示。

图 2-39　斜单轴跟踪系统

图 2-40　双轴跟踪系统

5. 支架对比

表2-2为各种支架方式在单位成本、发电量增益、占地面积增益及可靠性的对比情况。

表 2-2　几种支架方式对比

类　　型		单位成本/（元/W）	发电量增益（%）	占地面积增益（%）	可　靠　性
最佳倾角固定		0.45 ~ 0.5	100	100	好
平单轴跟踪	标准平单轴	1 ~ 1.4	110 ~ 115	100	较好
	带倾角平单轴	1.45 ~ 1.8	115 ~ 120	110 ~ 120	较好
斜单轴跟踪		1.5 ~ 2	120 ~ 125	140 ~ 150	较差
双轴跟踪		2.8 ~ 3.5	130 ~ 140	>180	差

2.5　光伏方阵容量设计

2.5.1　离网光伏发电系统容量设计

【任务说明】

离网光伏发电系统电能由光伏组件提供，离网光伏发电系统容量设计要考虑离网光伏发电系统中蓄电池储能能力，光伏电池组件的全年发电量要等于负载全年用电量，同时考虑天气、系统损耗等要素，需要合理设计光伏组件功率，使系统缺电率为零。本节主要学习离网光伏发电系统中光伏电池组件容量设计方法。

【任务实施】

光伏发电系统容量是指发电系统中电池组件的总功率值，用 W 或 kW 来表示。

1. 离网光伏发电系统规划设计方法

离网光伏发电系统容量设计步骤如图 2-41 所示。

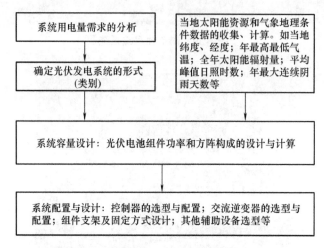

图 2-41　离网光伏发电系统容量设计步骤

在设计光伏发电系统时，应当根据负载的要求和当地太阳能资源及气象地理条件，依照能量守恒的原则，综合考虑产能和用能的各种因素和技术条件。

2. 离网光伏发电系统组件容量设计基本思路

光伏电池组件的设计原则是：光伏电池组件的全年发电量要等于负载全年用电量。因为天气条件有低于和高于平均值的情况，因此，设计光伏电池组件要满足光照最差、太阳能辐射量最小季节的需要。如果只按平均值去设计，势必造成较长时间的光照最差季节蓄电池的连续亏电。蓄电池长时间处于亏电状态将造成蓄电池的极板硫酸盐化，使蓄电池的使用寿命和性能受到很大影响，整个系统的后续运行费用也将大幅度增加。设计时也不能为了给蓄电池尽可能快地充满电而将光伏电池组件设计得过大，这样在一年中的绝大部分时间里光伏电池的发电量会远远大于负载的用电量，造成光伏电池组件的浪费和系统整体成本过高。因此，光伏电池组件设计的基本思路就是使光伏电池组件能基本满足光照最差季节的需要，即在光照最差的季节蓄电池每天也能够充满电。

在有些地区，最差季节的光照度远远低于全年平均值，如果还按最差情况设计光伏电池组件的功率，那么在一年中的其他时候发电量就会远远超过实际所需，造成浪费。这时只能考虑适当加大蓄电池的设计容量，增加电能储存，使蓄电池处于浅放电状态，弥补光照最差季节发电量的不足对蓄电池造成的伤害。有条件的地方还可以考虑采取风力发电与太阳能发电互相补充（简称风光互补）及市电互补等措施，达到系统整体综合成本效益的最佳。

3. 光伏电池组件及方阵的设计方法

光伏电池组件的设计就是满足负载年平均每日用电量的需求。所以设计和计算光伏电池组件大小的基本方法就是用负载平均每天所需要的用电量（单位为 Ah 或 Wh）为基本数据，以当地太阳能辐射资源参数（如峰值日照时数、年辐射总量等）为参照，并结合一些相关因素数据或系数综合计算而得出的。

在设计和计算光伏电池组件或组件方阵时，一般有两种方法。一种方法是根据上述各种数据直接计算出光伏电池组件或方阵的功率，根据计算结果选配或定制相应功率的电池组件，进而得到电池组件的外形尺寸和安装尺寸等。这种方法一般适用于中小型光伏发电系统的设计。另一种方法是先选定尺寸符合要求的电池组件，根据该组件峰值功率、峰值工作电流和日发电量等数据，结合上述数据进行设计计算，在计算中确定电池组件的串、并联数及总功率。这种方法适用于大中型光伏发电系统的设计。下面就以第一种方法为例介绍常用的光伏电池组件的设计计算公式和方法。

（1）以峰值日照时数为依据的简易计算方法

这是一个常用的简单计算公式，常用于小型独立光伏发电系统的快速设计与计算，也可以用于对其他计算方法的验算。其主要参照的太阳能辐射参数是当地峰值日照时数。

$$光伏电池组件功率\ P = \frac{用电设备功率 \times 用电时间}{当地峰值日照时数} \times 损耗系数$$

式中，光伏电池组件功率、用电设备功率的单位都是瓦（W）；用电时间和当地峰值日照时数的单位都是小时（h）。

损耗系数主要有线路损耗、控制器接入损耗、光伏电池组件玻璃表面脏污及安装倾角不能兼顾冬季和夏季等因素，可根据需要在 1.6 ~ 2 之间选取。

设计实例：某地安装一套太阳能庭院灯，使用两只 9W/12V 节能灯做光源，每天工作 4h。已知当地的峰值日照时数是 4.46h，求光伏电池总功率。

计算：

$$光伏电池组件功率\quad P = \frac{18\text{W} \times 4\text{h}}{4.46\text{h}} \times 2 = 32.28\text{W}$$

（2）以年辐射总量为依据的计算方法

该计算方法以太阳能年辐射总量为依据进行计算，与上一个公式异曲同工。

$$P = \frac{K \times (用电设备工作电压 \times 用电设备工作电流 \times 用电时间)}{年总辐射量}$$

蓄电池容量 $C(\text{Ah})$ = 放电容量系数、安全系数 × 用电工作电流 × 用电时间 × 连续阴雨天数 × 低温系数

式中，光伏电池组件功率的单位是瓦（W）；用电设备工作电压单位是伏（V）；用电设备工作电流单位是安（A）；用电时间单位是小时（h）；蓄电池容量单位为安时（Ah）；年辐射总量单位是千焦/平方厘米（kJ/cm²）。公式中 K 为辐射量修正数，单位是千焦/平方厘米·小时 $[\text{kJ}/(\text{cm}^2 \cdot \text{h})]$，对于不同的运行情况，$K$ 可以适当调整，当光伏发电系统处于有人维护和一般使用状态时，K 取 230；当系统处于无人维护且要求可靠时，K 取 251；当系统处于无法维护、环境恶劣、要求非常可靠时，K 取 276。蓄电池放电容量修正系数和安全系数，采

用碱性蓄电池时取 1.5，采用铅酸蓄电池时取 1.8。低温系数是指若蓄电池放置地点的最低温度可达到 $-10℃$ 时，低温系数取 1.1，可达到 $-20℃$ 时取 1.2。

为对比两种计算公式的区别，还用上个设计实例的条件计算。

设计实例 1：某地安装一套太阳能庭院灯，使用两只 9W/12V 节能灯做光源，每日工作 4h，要求能连续工作 3 个阴雨天。已知当地的全年辐射总量是 580kJ/cm²，求光伏电池组件功率。

计算：代入公式求光伏电池组件功率 P：

$$P = \frac{18W \times 4h}{580kJ/cm^2} \times 276 = 34.26W$$

设计实例 2：某移动通信基站设备负载功率 125W，工作电压 48V，工作电流 2.6A，24h 全天候工作，该地区全年辐射总量 640kJ/cm²，蓄电池放置地点最低温度 $-20℃$，最长连续阴雨天数 7 天。该基站无人值守维护，环境条件恶劣，要求不间断供电。求光伏电池总功率。

计算：

$$P = \frac{48V \times 2.6A \times 24h}{640kJ/cm^2} \times 276 \approx 1292W$$

（3）以月平均辐射量和斜面修正系数为依据的计算方法

该方法常用于独立光伏发电系统的快速设计与计算，也可以用于对其他计算方法的验算。其主要参照的太阳能辐射参数是当地月平均辐射量和斜面修正系数。

首先根据各用电设备的额定功率和每日平均工作的小时数，计算出总用电量：

$$负载总用电量(Wh) = \sum 用电器功率 \times 日平均工作时间$$

$$光伏电池组件功率 P = \frac{系数 5618 \times 安全系数 \times 负载用电量}{斜面修正系数 \times 月平均辐射量}$$

为方便计算，系数 5618 是将充放电效率系数、电池组件衰降系数等因素，经过单位换算及简化处理后得出的系数。安全系数是根据使用环境、有无备用电源、是否有人值守等因素确定，一般在 1.1 ~ 1.3 之间选取。月平均辐射量的单位是 kJ/(m² · d)。

设计实例：北京市一套太阳能庭院灯带有两个灯头，一个是 11W/12V 的节能灯，每天工作 5h，另一个是 3W/12V 的 LED 球泡灯，每天工作 12h，试计算电池组件功率和蓄电池容量。

通过参数表查得北京市的斜面修正系数为 1.0976，月平均辐射量为 15261kJ/(m² · d)，安全系数取 1.2。

$$负载总用电量 = 11W \times 5h + 3W \times 12h = 91Wh$$

$$电池组件功率 = \frac{5618 \times 1.2 \times 91Wh}{1.0976 \times 15261kJ/(m^2 \cdot d)} = 36.6W$$

2.5.2 并网光伏发电系统容量设计

【任务说明】

地面并网光伏发电系统容量一般由光伏电站可建设面积决定。本节从光伏电站的转换效率、组件方阵最小间距、站区布局等角度出发，分析设计并网光伏发电系统容量。

【任务实施】

1. 地面并网光伏电站

地面并网光伏发电系统容量一般由光伏电站可建设面积来决定。从光伏电站的转换效率、组件方阵最小间距、站区布局等角度出发，10MW地面固定倾斜安装方式的并网光伏电站占地300～340亩（每亩约666.7m²）土地。

光伏电池方阵年发电量计算公式为：

年发电量（kW·h）＝当地年总辐射量（kW·h/m²）×光伏电池方阵面积（m²）×电池组件转换效率×修正系数

式中，光伏电池方阵面积不仅仅是指占地面积，也包括光伏建筑一体化并网发电系统占用的屋顶、外墙立面等。电池组件转换效率，单晶硅组件取17%，多晶硅组件取15%。

$$修正系数 K = K1 \times K2 \times K3 \times K4 \times K5$$

其中 $K1$ 为光伏电池长期运行性能衰降修正系数，一般取0.8；$K2$ 为灰尘遮挡玻璃及温度升高造成组件功率下降修正，一般取0.82；$K3$ 为线路损耗修正，一般取0.95；$K4$ 为逆变器效率，一般取0.85，也可根据逆变器生产商提供的技术参数确定；$K5$ 为光伏方阵朝向及倾斜角修正系数。表2-3为光伏电池方阵朝向与倾斜角的修正系数。

表2-3　光伏电池方阵朝向与倾斜角的修正系数

光伏电池方阵朝向	光伏电池方阵与地面的倾斜角			
	0°	30°	60°	90°
东	93%	90%	78%	55%
东南	93%	96%	88%	66%
南	93%	100%	91%	68%
西南	93%	96%	88%	66%
西	93%	90%	78%	55%

同一系统有不同方向和倾斜角的光伏电池方阵时，要根据各自条件分别计算发电量。

2. 阴影遮挡距离的计算

当光伏电站功率较大时，需要前后排布电池方阵；当电池方阵附近有高大建筑物或树木时，则需要计算建筑物或前排方阵的阴影，以确定方阵间的距离或电池方阵与建筑物的距离。

一般确定原则为：冬至日当天9：00—15：00光伏电池方阵不应被遮挡。电池方阵间距（或遮挡物与方阵底边距离）应不小于 D：

$$D = \frac{\cos\beta \times H}{\tan[\arcsin(0.648\cos\phi - 0.399\sin\phi)]}$$

式中，β 为电站所在地冬至日上午9：00的太阳方位角；ϕ 为纬度角（在北半球为正、南半球为负）；H 为光伏电池方阵或遮挡物与可能被遮挡组件底边高度差，阴影遮挡距离的示意图如图2-42所示。

3. 并网光伏电站容量分析

并网光伏电站容量是指系统中组件功率的总和。在给定区域内，并网光伏电站的容量主要由电池组件有效面积决定，电池组件有效面积是指电池组件面的面积总和。

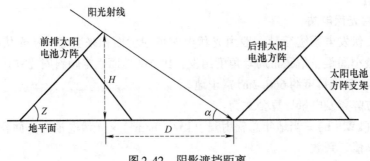

图 2-42　阴影遮挡距离

（1）电池组件实际占地面积估算

电池组件有效面积与当地纬度、组件间距、站址面积等参数相关。

例如位于新疆阿克苏市（80.3°E，41.2°N）10MW 光伏电站电池组件间距如图 2-43 所示。

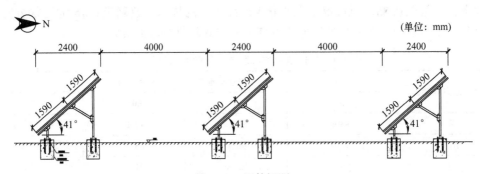

图 2-43　组件间距

从图 2-43 中可知，组件倾斜角 ω 为 41°，每行组件长度 L 为 1590mm ×2，其在地面的有效长度为

$$L' = L\cos\omega \approx 22400mm$$

可见组件在水平面的投影约占电站面积的 36%，如果把组件实际面积投影到电站面积中，约占 44.4%，即光伏电站站区面积的 44.4% 为电池组件的有效面积。在光伏电站站区中，除了组件及组件间距面积还包含站区通道、配电房等占地面积。所以光伏电站中电池组件的有效面积占站区面积的 0.35% 左右，其值受纬度、倾斜角、组件方阵的跟踪方式的影响。

（2）电站容量估算

从上述分析来看，在给定站区面积情况下，并网光伏电站的装机容量可用下述表达式估算。

$$P = \frac{S_{zq} \times \rho \times P_z}{S_{zj}}$$

式中，S_{zq} 为站区面积，ρ 为有效面积系数（取 0.35），P_z 为单体组件功率，S_{zj} 为单体组件面积。

例如占地 60 亩（即约 43956m²）土地的固定倾斜光伏电站，采用 250W（1.63m²）的电池组件，则该电站可建容量为：

$$P = \frac{43956\text{m}^2 \times 0.35 \times 250\text{W}}{1.63\text{m}^2} \approx 2.15\text{MW}$$

另外，上述公式也可以从电池转换效率的角度对光伏电站容量进行估算：

$$P = S_{zq} \times \rho \times \beta$$

式中，β 为电池组件转换效率。

在上述案例中，电池组件功率 250W，面积 1.63m²，即表示该电池转换效率为 15.33%。代入公式后，$P = 43956\text{m}^2 \times 0.35 \times 15.33\% \approx 2.15\text{MW}$。

4. 屋顶分布式光伏电站容量设计

屋顶光伏电站属于分布式并网电站，一般都是在低压配电侧并网。对电网公司来说其电源是不受控的，电网公司对其不作为发电站来管理，不监测，不控制，但需要从总量上加以限制。在日本屋顶分布式光伏电站容量基本按不超过配电容量的 20% 来限制；美国一般不超过配电容量的 15%；我国还没有文件明确规定比例要求，一般不超过 30%。上述 15%、20% 或 30% 是按照负荷来计算的，主要是为了发出来的电基本要在配电侧全部用掉，而尽可能少发生逆流（用不掉而向高压侧反送电）。

例如，按照北京市建筑设计配电要求，住宅为 21.7VA/m²；办公楼、大型公共建筑为 80~100VA/m²，对于住宅和办公建筑的设备实际使用率大约为 30% 以上，也就是说光伏发电系统容量若小于配电容量的 30%，所发电量基本可全部自发自用。

2.6 本章练习

1. 查找我国各地区（以表 2-4 所列地区为例）太阳能资源分布情况，并设置合适的最佳倾斜角，使各地区固定安装的光伏电池倾斜面能获取最大年辐射量，将详细信息填入表 2-4 中。

表 2-4　太阳能资源及安装方式

地　区	年辐射量	安装方式	
		方　位　角	倾　斜　角
杭州			
上海			
北京			
银川			

2. 根据光伏单体电池特性，分别测量两块不同光伏单体电池的输出特性，并绘制光伏电池的伏安特性曲线。

3. 测量非晶硅光伏电池的特性参数及输出特性曲线，并与单晶硅光伏电池进行对比，分析它们的不同点。

4. 通过实验方式验证光伏单体电池的短路电流 I_{sc} 与光照强度之间的关系。

5. 通过实验方式验证光伏单体电池开路电压与光照强度的关系。

6. 分析影响单体电池最大功率的要素，并阐述解决方法。

7. 用 2.3W 的光伏单体电池设计一个功率为 138W 的光伏电池组件，并绘制结构示意图。

8. 分别使用180W的单晶硅和120W的多晶硅组件搭建2kW光伏发电系统，在相同条件下测量表2-5中数据内容。

表2-5 2kW光伏发电系统组件参数测量

组件规格	串联情况	并联情况	开路电压	短路电流	峰值电压	峰值电流
单晶硅180W						
对晶硅120W						

9. 分析在并联光伏电池电路中如何设置阻断二极管，以防止热斑效应的产生。

10. 分析在串联光伏电池电路中如何设置阻断二极管，以防止热斑效应的产生。

11. 通过实验方式验证热斑效应对串、并联电池组输出功率的影响。

12. 通过实验方式，在串、并联电路加入防反充（防逆流）二极管，分析电池组输出功率的影响。

13. 在给定的两种规格电池组件样板的基础上完成电路设计，并测量开路电压、短路电流、峰值电压、峰值电流、最大功率（测量方法与单体电池相同），并记录数据填入表2-6。

表2-6 组件参数测量

组件规格	串联情况	并联情况	开路电压	短路电流	峰值电压	峰值电流	最大功率

项目 3 储能技术

【项目描述】

蓄电池是一种既能将电能转化为化学能，又能将化学能转化为电能的化学储能元件，是光伏系统中重要的组成部件。由于太阳光变化无常，光伏系统的功率输出也变化无常，因此需要蓄电池对光伏系统产生的电能进行储存和调节。在实际光伏发电系统，特别是在独立光伏发电系统中，蓄电池是主要的部件之一，对蓄电池的选择、蓄电池容量设计是一个重要内容。

【知识目标】

1. 了解储能系统的作用及储能的分类。
2. 熟悉铅酸蓄电池的结构、工作原理及相关参数。
3. 掌握光伏发电系统铅酸蓄电池容量的设计方法。
4. 了解超级电容的结构、特点，掌握光伏发电系统超级电容容量的设计方法。
5. 熟悉飞轮储能、超导储能、蓄水储能、锂电池的特点，了解其在光伏发电系统中的应用。

3.1 铅酸蓄电池认知

3.1.1 铅酸蓄电池结构

【任务说明】

蓄电池主流产品有 4 类：铅酸蓄电池、碱性蓄电池、锂离子蓄电池、镍氢蓄电池。尽管它们结构形态各异，但工作原理都是将电能以化学能的形式储存起来，需要时再将化学能转化为电能。本节通过铅酸蓄电池的学习，了解储能系统的作用及储能分类，掌握铅酸蓄电池的结构和工作原理，掌握铅酸蓄电池的参数及容量识别方法，掌握铅酸蓄电池的充放电特点。

【任务实施】

1. 储能必要性和意义

电能的缺点是不易大规模储存，如果不计输配电及用电损耗的话，对于所有在使用的电能，其耗电量即为发电量。对于传统火力发电厂来说，其燃料消耗量随着负载需求的变化而变化，从而保障负载用电需求。但对于光伏发电和风力发电等间歇性电源来说，受气象环境制约，就不能随时满足负荷需求，其由当时的气象条件所决定，例如光伏发电会受到光照时间的限制。因此，对于独立光伏发电系统和离网型风机而言，储能设备成为必备设备，用以存储和输出电能。另外储能设备能够显著改善负荷用量需求的可靠性，而且对电力系统的能量管理、安全稳定运行、电能质量控制等均有重要意义。

近年来，随着光伏发电、风力发电设备制造成本的大幅度降低，将其大规模接入电网成为一种发展潮流，给电力系统原本在"电力存取"这一薄弱环节带来了更大的挑战。

众所周知，电能在"发、输、供、用"运行过程中，必须在时空两方面都要达到"瞬态平衡"，如果出现局部失衡就会引起电能质量问题，即闪变。"瞬态激烈"失衡还会带来灾难性事故，并可能引起电力系统大面积停电事故。要保障公共电网安全、经济和可靠地运行，就必须在电力系统的关键节点上建立强有力的"电能存取"单元（储能系统）对电力系统给予支撑。

另外，储能在孤立电网或离网、电动汽车、轨道交通、UPS 电源、电动工具以及电子产品等方面有众多应用。图 3-1 是离网光伏发电系统蓄电池所处的位置及功能。在白天，当太阳能资源充足时，光伏电池组件发电，通过光伏控制器将电能送给蓄电池组（储能设备）进行储能；当负载需要用电时，蓄电池通过光伏控制器给各负载供电。

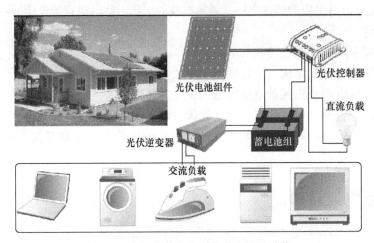

图 3-1　离网光伏发电系统蓄电池的功能

2. 储能的分类

从广义上讲，储能即能量储存，是指通过一种介质或者设备，把能量存储起来。从狭义上讲，针对电能的存储，储能是指利用化学、物理或其他方法将产生的电能存储起来并在需要时释放的一系列技术和措施。

按照储能的狭义定义，储能可以分为物理储能、化学储能和其他储能方式，具体分类见表 3-1。

表 3-1　储能技术分类

分　类	形　式	特　点
物理储能	抽水储能、压缩空气储能、飞轮储能	采用水、空气等作为储能介质；储能介质不发生化学变化
化学储能	铅酸电池、锂离子电池、液流电池、熔融盐电池、镍氢电池电化学电容器	利用化学元素做储能介质；充放电过程伴随储能介质的化学反应或者变化
其他储能	超导储能、燃料电池、金属—空气电池	

蓄电池组是光伏电站常见储能装置，作用是将光伏电池方阵从太阳辐射能转换来的直流电转换为化学能储存起来，以供负载使用。

光伏电站中与光伏电池方阵配套的蓄电池组通常是在半浮充电状态下长期工作，其蓄电能量比用电负荷所需要的电能量要大。因此，多数时间是处于浅放电状态。当冬季和连阴天由于太阳辐射减少，而出现光伏电池方阵向蓄电池组充电不足时，可启动光伏电站备用的电源（如柴油发电机组），给蓄电池组充电，以保持蓄电池组始终处于浅放电状态。

固定式铅酸蓄电池性能优良、质量稳定、容量较大、价格较低，是我国光伏电站目前主要选用的储能装置。因此，下面将重点介绍固定式铅酸蓄电池的结构、原理与维护等。

3. 铅酸蓄电池结构

铅酸蓄电池结构如图3-2所示，主要由正极板、负极板、接线端子、隔板、安全阀、电解溶液、跨桥、电池盖、接头密封材料及附件等部分组成。

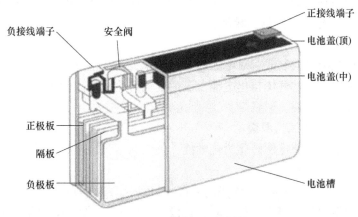

图3-2　铅酸蓄电池的结构

（1）正、负极板

蓄电池的充电过程是依靠极板上的活性物质和电解液中硫酸的化学反应来实现的。正极板上的活性物质是深棕色的二氧化铅（PbO_2），负极板上的活性物质是海绵状、青灰色的纯铅（Pb）。正、负极板的活性物质分别填充在铅锑合金铸成的栅架上，加入锑的目的是提高栅架的机械强度和浇铸性能。但锑有一定的副作用，锑易从正极板栅架中解析出来而引起蓄电池的自行放电和栅架的膨胀、溃烂，从而影响蓄电池的使用寿命。负极板的厚度约为1.8mm，正极板约为2.2mm，为了提高蓄电池的容量，国外大多采用厚度为1.1～1.5mm的薄型极板。另外，为了提高蓄电池的容量，将多片正、负极板并联，组成正、负极板组。在每单格电池中，负极板的数量总比正极板多一片，正极板都处于负极板之间，使其两侧放电均匀，否则因正极板机械强度差，单面工作会使两侧活性物质体积变化不一致，造成极板弯曲。

（2）隔板

为了减少蓄电池的内阻和体积，正、负极板应尽量靠近但彼此又不能接触而短路，所以在相邻正负极板间加有绝缘隔板。隔板应具有多孔性，以便电解液渗透，而且应具有良好的耐酸性和抗碱性。隔板材料有木质、微孔橡胶、微孔塑料等。近年来，还有将微孔塑料隔板做成袋状，紧包在正极板的外部，防止活性物质脱落。

（3）电池槽和电池盖

蓄电池的外壳是用来盛放电解液和极板组的，外壳应耐酸、耐热、耐震，以前多用硬橡胶制成，现在国内已开始生产聚丙烯塑料外壳。这种壳体不但耐酸、耐热、耐震，而且强度高，壳体壁较薄（一般约为 3.5mm，而硬橡胶壳体壁厚约为 10mm）、重量轻、外形美观、透明。壳体底部的凸筋是用来支撑极板组的，并可使脱落的活性物质掉入凹槽中，以免正、负极板短路，若采用袋式隔板，则可取消凸筋以降低壳体高度。

（4）电解液

电解液的作用是使极板上的活性物质发生溶解和电离，产生电化学反应，传导溶液正负离子。它由纯净的硫酸与蒸馏水按一定的比例配制而成。

（5）正、负接线端子

蓄电池各单格电池串联后，两端单格的正、负极桩穿出蓄电池盖，形成蓄电池正、负接线端子，实现电池与外界的连接，接线端子的材质一般是镀银钢材，正极标"＋"号或涂红色，负极标"－"号或涂蓝色、绿色。

（6）安全阀

安全阀一般由塑料材料制成，对电池起密封作用，阻止空气进入，防止极板氧化；同时可以将充电时电池内产生的气体排出电池，避免电池产生危险。使用必须将排气栓上的盲孔用铁丝刺穿、以保证气体溢出通畅。

4. 铅酸蓄电池的基本工作原理

蓄电池通过充电过程将电能转化为化学能，使用时通过放电将化学能转化为电能。铅酸蓄电池充放电的化学反应式为：

$$PbO_2 + 2H_2SO_4 + Pb = 2PbSO_4 + 2H_2O$$

当铅酸蓄电池接通外电路负载放电时，正极板上的 PbO_2 和负极板的 Pb 都变成了 $PbSO_4$，电解液的硫酸变成了水；充电时，正负极板上的 $PbSO_4$ 分别恢复为原来的 PbO_2 和 Pb，电解液中的水变成了硫酸。

性能较好的蓄电池可以反复充放电上千次，直至活性物质脱落到不能再用。随着放电的继续进行，蓄电池中的硫酸逐渐减少，水分增多，电解液的相对密度降低；反之，充电时蓄电池中水分减少，硫酸浓度增大，电解液相对密度上升。大部分铅酸蓄电池放电后的密度在 $1.1 \sim 1.3 kg/cm^3$，充满电后的密度在 $1.23 \sim 1.3 kg/cm^3$，所以在实际工作中，可以根据电解液相对密度的高低判断蓄电池充放电的程度。这里必须注意，在正常情况下，蓄电池不要放电过度，不然将会使活性物质（正极的 PbO_2，负极的海绵状 Pb）与混在一起的细小 $PbSO_4$ 结晶成较大的结晶体，增大了极板电阻。按规定铅酸电池放电深度（即每一充电循环中的放电容量与电池额定电容量之比）不能超过额定容量的 75%，以免在充电时，很难复原，缩短蓄电池的寿命。

3.1.2　铅酸蓄电池参数及容量识别

【任务说明】

铅酸蓄电池的优点是放电时电动势较稳定，缺点是比能量（单位重量所蓄电能）小，对环境腐蚀性强。铅酸蓄电池的工作电压平稳、使用温度及使用电流范围宽、造价较低，因而应用广泛。通过本节的学习，认识铅酸蓄电池参数及蓄电池容量识别方法。

【任务实施】

1. 铅酸蓄电池的相关术语

1）蓄电池充电。蓄电池充电是指通过外电路给蓄电池供电，使电池内发生化学反应，从而把电能转化成化学能并存储起来的操作过程。

2）过充电。过充电是指对已经充满电的蓄电池或蓄电池组继续充电。

3）放电。放电是指在规定的条件下，蓄电池向外电路输出电能的过程。

4）自放电。蓄电池的能量未通过外电路放电而自行减少，这种能量损失的现象叫自放电。

5）活性物质。在蓄电池放电时发生化学反应从而产生电能的物质，或者说是正极和负极存储电能的物质统称为活性物质。

6）放电深度。放电深度是指蓄电池在某一放电速率下，电池放电到终止电压时，实际放出的有效容量与电池在该放电速率的额定容量的百分比。放电深度和电池循环使用次数关系很大，放电深度越大，循环使用次数越少；放电深度越小，循环使用次数越多。经常使电池深度放电，会缩短电池的使用寿命。

7）极板硫化。在使用铅酸蓄电池时要特别注意的是：电池放电后要及时充电，如果蓄电池长时期处于亏电状态，极板就会形成 $PbSO_4$ 晶体，这种大块晶体很难溶解，无法恢复原来的状态，将会导致极板硫化无法充电。

8）相对密度。相对密度是指电解液与水的密度的比值。相对密度与温度变化有关，25℃时，充满电的电池电解液相对密度值为 $1.265g/cm^3$，完全放电后降至 $1.120g/cm^3$。每个电池的电解液密度都不相同，同一个电池在不同的季节，电解液密度也不一样。大部分铅酸蓄电池放电后的密度在 $1.1 \sim 1.3g/cm^3$ 范围内，充满电之后一般为 $1.23 \sim 1.3g/cm^3$。

2. 铅酸蓄电池常用技术术语

1）蓄电池的容量。处于完全充电状态下的铅酸蓄电池在一定的放电条件下，放电到规定的终止电压时所能输出的电量称为电池容量，以符号 C 表示。常用单位是安时（Ah）。通常在 C 的下角处标明放电时率，如 C_{10} 表明是 10h 率的放电容量，C_{60} 表明是 60h 率的放电容量。

电池容量分为实际容量和额定容量。实际容量是指电池在一定放电条件下所能输出的电量。额定容量（标称容量）是按照国家或有关部门颁布的标准，在电池设计时要求电池在一定的放电条件下（如在 25℃环境下以 10h 率放电到终止电压），应该放出的最低限度的电量值。

2）放电率。根据蓄电池放电电流的大小，放电率分为时间率和电流率。时间率是指在一定放电条件下，蓄电池放电到终止电压时的时间长短。常用时率和倍率表示。根据 IEC 标准，放电的时间率有 20h 率、10h 率、5h 率、3h 率、1h 率、0.5h 率，分别表示为 20h、10h、5h、3h、1h、0.5h 等。电池的放电倍率越高，放电电流越大，放电时间就越短，放出的相应容量越少。

3）终止电压。终止电压是指在蓄电池放电过程中，电压下降到不宜再放电时（非损伤放电）的最低工作电压。为了防止电池不被过放电而损害极板，在各种标准中都规定了在不同放电倍率和温度下放电时电池的终止电压。单体电池，一般 10h 率和 3h 率放电的终止电压为每单体 1.8V，1h 率的终止电压为每单体 1.75V。由于铅酸蓄电池本身的特性，即使放电的终止电压继续降低，电池也不会放出太多的容量，但终止电压过低对电池的损伤极大，尤其当放电达到 0V 而又不能及时充电时将大大缩短蓄电池的寿命。对于太阳能光伏发电系统用的蓄电池，针对不同型号和用途，放电终止电压设计也不一样。终止电压视放电速率和需要而规定。通常，小于10h的小电流放电，终止电压取值稍高一些；大于10h的大电流放电，终止电压取值稍低一些。

4）电池电动势。蓄电池的电动势在数值上等于蓄电池达到稳定时的开路电压。电池的开路电压是无电流状态时的电池电压。当有电流通过电池时所测量的电池端电压的大小将是变化的，其电压值既与电池的电流有关，又与电池的内阻有关。

5）浮充寿命。蓄电池的浮充寿命是指蓄电池在规定的浮充电压和环境温度下，蓄电池寿命终止时浮充运行的总时间。

6）循环寿命。蓄电池经历一次充电和放电，称为一个循环（一个周期）。在一定的放电条件下，电池容量使用至某一规定值之前，电池所能承受的循环次数，称为循环寿命。影响蓄电池循环寿命的因素有很多，不仅与产品的性能和质量有关，而且还与放电倍率和深度、使用环境和温度及使用维护状况等外在因素有关。

7）过充电寿命。过充电寿命是指采用一定的充电电流对蓄电池进行连续过充电，一直到蓄电池寿命终止时所能承受的过充电时间。其寿命终止条件一般设定在容量低于10h率额定容量的80%。

8）自放电率。蓄电池在开路状态下的储存期内，由于自放电而引起活性物质损耗，每天或每月容量降低的百分数称为自放电率。自放电率指标可衡量蓄电池的储存性能。

9）电池内阻。电池的内阻不是常数，而是一个变化的量，它在充放电的过程中随着时间不断地变化，这是因为活性物质的组成、电解液的浓度和温度都在不断变化。铅酸蓄电池的内阻很小，在小电流放电时可以忽略，但在大电流放电时，将会有数百毫伏的电压降损失，必须引起重视。蓄电池的内阻分为欧姆内阻和极化内阻两部分。欧姆内阻主要由电极材料、隔膜、电解液、接线柱等构成，也与电池尺寸、结构及装配因素有关。极化内阻是由电化学极化和浓差极化引起的，是电池放电或充电过程中两电极进行化学反应时极化产生的内阻。极化电阻除与电池制造工艺、电极结构及活性物质的活性有关外，还与电池工作电流大小和温度等因素有关。电池内阻严重影响电池工作电压、工作电流和输出能量，因而内阻越小的电池性能越好。

10）比能量。比能量是指电池单位质量或单位体积所能输出的电能，单位分别是Wh/kg或Wh/L。比能量有理论比能量和实际比能量之分，前者指1kg电池反应物质完全放电时理论上所能输出的能量，实际比能量为1kg电池反应物质所能输出的实际能量。由于各种因素的影响，电池的实际比能量远小于理论比能量。比能量是综合性指标，它反映了蓄电池的质量水平，表明生产厂家的技术和管理水平，常用比能量来比较不同厂家生产的蓄电池，该参数对于太阳能光伏发电系统的设计非常重要。

3. 铅酸蓄电池型号识别

根据JB2599-85部颁标准的有关规定，铅酸蓄电池的型号由单体蓄电池的格数、型号、额定容量、电池功能和形状等组成。通常分为3段表示（如图3-3所示）：第1段为数字，表示单体电池的串联数，每一个单体蓄电池的标称电压为2V，当单体蓄电池串联数（格数）为1时，第一段可省略，6V、12V蓄电池分别用3和6表示；第2段为2~4个汉语拼音字母，表示蓄电池的类型、功能和用途等；第3段表示电池的额定容量。蓄电池常用汉语拼音字母的含义见表3-2。

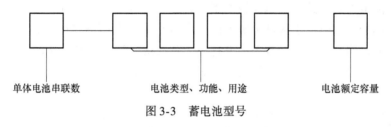

单体电池串联数　　　　　电池类型、功能、用途　　　　电池额定容量

图 3-3　蓄电池型号

表 3-2　蓄电池常用汉语拼音字母的含义

第 1 个字母	含　义	第 2~4 个字母	含　义
Q	启动用	A	干荷电式
G	固定用	F	防酸式
D	电瓶车用	FM	阀控式密封
N	内热机用	W	无须维护
T	铁路客车用	J	胶体
M	摩托车	D	带液式
KS	矿灯酸性用	J	激活式
JC	舰船用	Q	气密式
B	航标灯用	H	湿荷式
TK	坦克用	B	半密闭式
S	闪光用	Y	液密式

例如：6-QA-120 表示有 6 个单体电池串联，标称电压为 12V，启动用蓄电池，装有干荷电式极板，20h 率额定容量为 120Ah。

GFM－800 表示为 1 个单体电池，标称电压为 2V，固定式阀控密封型蓄电池，20h 率额定容量为 800Ah。

6-GFMJ-120 表示有 6 个单体电池串联，标称电压为 12V，固定式阀控密封型胶体蓄电池，20h 率额定容量为 120Ah。

3.1.3　铅酸蓄电池充电

【任务说明】

在蓄电池的放电过程中，正、负极板都受到硫酸化，同时电解液中的硫酸逐渐减少，水分逐渐增多，从而导致电解液的比重下降。在实际使用中，可以通过测定电解液的比重来确定蓄电池的放电程度。本节主要分析铅酸蓄电池常规充电方法和理想充电方法。

【任务实施】

1. 常规充电方法

（1）恒定电流充电法

在充电过程中，充电电流始终保持不变，叫作恒定电流充电法，简称恒流充电法或等流充电法。在充电过程中由于蓄电池电压逐渐升高，充电电流逐渐下降，为保持充电电流不因蓄电池端电压升高而减小，充电过程必须逐渐升高电源电压，以维持充电电流始终不变，这对于充电设备的自动化程度要求较高，一般的充电设备是不能满足恒流充电要求的。恒流充电法，在蓄电池最大允许的充电电流情况下，充电电流越大，充电时间越短。但在充电后期若充电电流仍不变，这时由于大部分电流用于电解水上，电解液产生气泡过多而显沸腾状，这不仅消耗电能，而且容易使极板上活性物质大量脱落，温升过高，造成极板弯曲，电池容量迅速下降而提前报废。所以，这种充电方法很少采用。

（2）恒定电压充电法

在充电过程中，充电电压始终保持不变，叫作恒定电压充电法，简称恒压充电法或等压充电法。由于恒压充电开始至后期，电源电压始终保持一定，所以在充电开始时充电电流相当大，大大超过正常充电电流值。但随着充电的进行，蓄电池端电压逐渐升高，充电电流逐渐减小。当蓄电池端电压和充电电压相等时，充电电流减至最小甚至为零。由此可见，采用恒压充电法的优点在于，可以避免充电后期充电电流过大而造成极板活性物质脱落和电能的损失。但其缺点是，在刚开始充电时，充电电流过大，电极活性物质体积变化收缩太快，影响活性物质的机械强度，致使其脱落。而在充电后期充电电流又过小，使极板深处的活性物质得不到充电反应，造成长期充电不足，影响蓄电池的使用寿命。所以这种充电方法一般只适用于无配电设备或充电设备较简陋的特殊场合，如汽车上蓄电池的充电、1 号至 5 号干电池式的小蓄电池的充电均采用等压充电法。采用恒定电压充电法给蓄电池充电时，所需电源电压：酸性蓄电池每个单体电池为 2.4 ~ 2.8V，碱性蓄电池每个单体电池为 1.6 ~ 2.0V。

（3）有固定电阻的恒定电压充电

为补救恒定电压充电的缺点而采用的一种方法。即在充电电源与电池之间串联一电阻，这样充电初期的电流可以调整。但有时最大充电电流受到限制，因此随充电过程的进行，蓄电池电压逐渐上升，电流直线衰减。

（4）阶段等流充电法

综合恒流和恒压充电法的特点，蓄电池在充电初期用较大的电流，经过一段时间改用较小的电流，至充电后期改用更小的电流，即不同阶段内以不同的电流进行等流充电的方法，叫作阶段等流充电法。阶段等流充电法一般可分为两个阶段进行，也可分为多个阶段进行。

阶段等流充电法所需充电时间短，充电效果也好。由于充电后期改用较小电流充电，这样减少了气泡对极板活性物质的冲刷，减少了活性物质的脱落。这种充电法能延长蓄电池使用寿命，并节省电能，充电又彻底，所以是当前常用的一种充电方法。一般蓄电池第一阶段以 10h 率电流进行充电，第二阶段以 20h 率电流进行充电。各阶段充电时间的长短，各种蓄电池的具体要求和标准不一样。

（5）浮充电法

间歇使用的蓄电池，其充电方式多为浮充电法。一些特殊场合使用的固定型蓄电池一般均采用浮充电法对蓄电池进行充电。浮充电法的优点主要在于能减少蓄电池的析气率，并可防止过充电，同时由于蓄电池同直流电源并联供电，用电设备大电流用电时，蓄电池瞬时输出大电流，这有助于稳定电源系统的电压，使用电设备用电正常。浮充电法的缺点是个别蓄电池充电不均衡和充不足电，所以需要进行定期的均衡充电。

2. 快速充电

（1）定电流定周期快速充电法

这种方法的特点是，以电流幅度恒定和周期恒定的脉冲充电电流对蓄电池充电，两个充电脉冲之间有一放电脉冲进行去极化，以提高蓄电池的充电接受能力。在充电过程中，充电电流及其脉宽不受蓄电池充电状态的影响。因此，它是一种开环式脉冲充电。这种充电方法易使蓄电池充满容量，但如果不增加防止过充电的保护装置，容易造成强烈的过充电，影响蓄电池的使用寿命。在这种充电方法中，虽然整个充电过程均加有去极化措施，但是这种固定的去极化措施，难以适合充电全过程的要求。

（2）定电流定出气率脉冲充电放电去极化快速充电法

这种充电方法的特点是：在整个充电过程中，充电电流脉冲的幅值和蓄电池的出气率始终保持不变。充电过程初期，充电电流略低于蓄电池的初始接受电流。在充电过程中，由于蓄电池可接受的电流逐渐减小，所以经过一段时间后，充电电流将超过蓄电池的可接受电流，因而蓄电池内将产生较多的气体，出气率显著增加。此时，气体检测元件能够及时发出控制信号，迫使蓄电池停止充电，进行短时放电。这样蓄电池内部的极化作用很快消失，因而出气率可以始终保持在较低的预定值内。

（3）定电流定电压脉冲充电放电去极化快速充电法

这种充电方法的特点是：以恒定大电流充电，待充到一定电压（相当于蓄电池出气点的电压）时，停止充电并进行大电流（或小电流）放电去极化，然后再以恒定大电流充电，依此充放电过程交替地进行。放电脉冲的频率随充入电量的增加而增加，充电脉冲的宽度随充入电量的增加而减少。当充电量和放电量基本相等时，表示蓄电池已充满电，立即结束充电。

根据这种方法，国内外都有多种方案来实现蓄电池快速充电。这种方法，充电初期无去极化措施。在加去极化措施后充电脉冲宽度不断减小，使得充电电流平均值下降较快，延长了充电时间。

（4）定电流提升电压脉冲充电放电去极化快速充电法

这种方法是定电流定电压脉冲充电放电去极化快速充电方法的改进。它是以恒定电流（如 IC）充电，当蓄电池电压达到充电出气点电压后（单格电池电压 2.35～2.5V）时，停止充电并进行放电，然后再充电。在加有放电去极化脉冲以后，用积分器件阶梯形跟踪调高充电控制电压（提升出气点电压），以加快充电速度和提高充满程度。其他和定电流定电压法相同。

（5）定电压定频率脉冲充电放电去极化快速充电法

这种方法的特点是：充电脉冲的电压幅值保持恒定，随着充电过程的进行，蓄电池电动势逐渐上升，充电电流幅值逐渐减小，充电脉冲电流的频率恒定，在两个充电脉冲之间加放电去极化脉冲。

（6）端电压和充放电频率选择脉冲充电放电去极化快速充电法

这种方法的特点是：根据蓄电池充电过程中的极化情况选择充放电脉冲的频率，并在充电后期将蓄电池端电压限定在预选的数值，使出气率限制在一定的容许范围内。

（7）适应全过程去极化脉冲充电放电去极化快速充电法

这种方法的特点是：在充电全过程都适时加去极化的放电脉冲，在放电脉冲后充电电流恢复之前，均进行去极化效果检测，达到一定去极化效果再转回充电，否则再次进行去极化放电，直至达到去极化要求的效果才转回充电，这样可使去极措施适应全过程。这种方案能有效地将气体析出量控制在很小的数值内。

3. 三阶段理想充电法

上述常规充电方法，是在缺乏充电规律认识的情况下，被迫采用的不合理的充电方法。常规充电方法的缺点是充电时间长、效率低、出气量大、蓄电池的利用周转率低、充电管理制度繁杂等。这种充电方式的落后性与蓄电池应用的广泛性是存在着一定的矛盾的。为此，在充电领域内，必须加强对充电规律的认识和研究，逐步探讨一套既快又好的充电方式。

航空蓄电池均采用阶段恒流充电法进行充电。一般酸性航空蓄电池采用恒流两阶段充电法。碱性航空蓄电池采用恒流两阶段充电法或恒流一阶段充电法。但这种充电法在充电中间阶段远离了充电电流接受率曲线，所以三阶段充电法更好一点。

三阶段充电法是两阶段恒流充电法和恒压充电法相结合的方式。充电开始和结束时采用恒定电流，中间阶段为恒定电压充电。蓄电池在充电初期用较大的电流，经过一段时间改为恒压充电，当电流衰减到预定值时，由第二阶段转到第三阶段。采用三阶段充电法的优点是：避免了恒压充电法开始充电电流过大，而后期电流又过小的情况，比二阶段等流充电在中间阶段更接近充电电流接受率曲线。这种充电法减少了充电出气量，充电又彻底，延长了蓄电池使用寿命。三阶段充电法充电电流和充电电压变化曲线如图 3-4 所示。

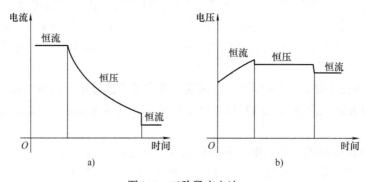

图 3-4　三阶段充电法
a）充电电流曲线　b）充电电压曲线

3.2　蓄电池组容量设计

【任务说明】

在离网光伏发电系统中，为了保障负载零缺电，需要配置合适容量的蓄电池。蓄电池容量与离网系统的负载用电量、太阳资源等因素直接相关。选择何种蓄电池及蓄电池容量，直接关系到光伏发电系统成本及技术指标。本节主要学习离网光伏系统中蓄电池种类选择、蓄电池容量影响因素及蓄电池容量配置的一般方法。

【任务实施】

光伏发电系统用的蓄电池主要有固定型铅酸蓄电池、VRLA 电池、镉镍蓄电池和碱性蓄电池，这 4 种电池各有优缺点，在选购蓄电池时，要根据实际情况进行选择。

1. 蓄电池种类选择

（1）光伏发电储能专用铅酸电池

为适应光伏电站对蓄电池的要求，我国进行了光伏专用铅酸蓄电池的研制，并取得了一定进展。国内尚无光伏发电储能专用铅酸蓄电池技术标准和检测标准，一些厂家虽在开发、试制专用储能铅酸蓄电池方面进行了努力，但技术不够成熟且品种较少。因此，目前选用完全适合于光伏发电的储能铅酸蓄电池，仍受到一定限制。

（2）固定型铅酸蓄电池

固定型铅酸蓄电池的优点是：容量大、单位容量价格便宜、使用寿命长和轻度硫酸化可恢复。与启动用蓄电池相比，固定型蓄电池的性能更贴近光伏系统的要求。目前在功率较大的光伏电站多数采用固定型（开口式）铅酸蓄电池。开口式铅酸蓄电池的主要缺点是：需要维护，在干燥气候地区需要经常添加蒸馏水、检查和调整电解液的相对密度。此外，开口式蓄电池带液运输时，电解液有溢出的危险，运输时应作好防护措施。

（3）密封型铅酸蓄电池

近年来我国研发了蓄电池的密封和免维修技术，引进了密封型铅酸蓄电池生产线。因此，在光伏发电系统中也开始选用专门的密封型铅酸蓄电池，即使倾倒电解液也不会溢出，不向空气中排放氢气和酸雾，安全性能好；缺点是对过充电敏感，因此对过充电保护器件性能要求高，当长时间反复过充后，电极板易变形，且间隔较普通开口式铅酸蓄电池高。近年来，国内小功率光伏电池已选用密封型铅酸蓄电池。10kW级以上的光伏电站也开始采用密封型铅酸蓄电池，随着工艺技术的不断提高和生产成本的降低，密封型铅酸蓄电池在光伏发电领域的应用将不断扩大。

（4）碱性蓄电池

目前常见的碱性蓄电池有镉镍电池和铁镍电池。碱性蓄电池（指镉镍电池）与铅酸蓄电池相比，主要优点是：对过充电、过放电的耐受能力强，反复深放电对蓄电池寿命无大的影响，在高负荷和高温条件下，仍具较高的效率，维护简便，循环寿命长；缺点是：内电阻大，电动势小，输出电压较低，价格高（为铅酸蓄电池的2~3倍）。

2. 蓄电池容量主要影响因素

（1）蓄电池单独工作的天数。在特殊气候条件下，蓄电池允许放电达到蓄电池总容量的80%（放电深度80%）所经过的天数。

（2）蓄电池每天放电容量。对于日负载稳定且要求不高的场合，日放电周期深度可限制在蓄电池所剩容量占额定容量的80%（放电深度20%）。

（3）蓄电池要有足够的容量来保证不会因为过充电所造成的失水。一般在选择电池容量时，只要蓄电池容量大于光伏电池方阵峰值电流的25倍（即用光伏电池方阵峰值电流充电25h，可充满蓄电池），则蓄电池在充电时不会造成失水。

（4）蓄电池的自放电。随着电池使用时间的增长及电池温度的升高，自放电率会增加。对于新的自放电率通常小于容量的5%；但对于旧的、质量不好的电池，自放电率可增至10%~15%。

在水情遥测光伏系统中，连续阴雨天的长短决定蓄电池的容量。由遥测设备在连续阴雨天中所消耗能量的安时数加上20%的因素（安全系数），再加上10%电池自放电安时数，便可计算出蓄电池所需额定容量。

3. 光伏电站蓄电池容量的计算方法

在确定蓄电池容量时，并不是容量越大越好，一般要求放电后蓄电池所剩容量占额定容量20%以上。因为在日照不足时，蓄电池组可能维持在部分充电状态，这种欠充电状态导致电池硫酸化增加，容量降低，寿命缩短。不合理地加大蓄电池容量，将增加光伏系统的成本。

在离网光伏发电系统中，对蓄电池的要求主要与当地气候和使用方式有关，因此各有不同。例如，标称容量有 5h 率、24h 率、72h 率、100h 率、240h 率以及 720h 率。每天的放电深度也不相同，南美的秘鲁用于"阳光计划"的蓄电池要求每天 40% ~50% 的中等放电深度，而我国"光明工程"项目有的户用系统使用的电池只进行 20% ~30% 左右的放电深度，日本用于航标灯的蓄电池则为小电流长时间放电。蓄电池又可分为浅循环和深循环两种类型。因此选择太阳能用蓄电池既要经济又要可靠，不仅要防止在长期阴雨天气时导致电池的储存容量不够，达不到使用目的；又要防止电池容量选择过小，不利于正常供电，并影响其循环使用寿命，从而也限制了光伏发电系统的使用寿命；还要避免容量过大，增加成本，造成浪费。确定蓄电池容量的公式为：

$$C = \frac{D \times F \times P_0}{L \times U \times K_a}$$

式中，C 为蓄电池容量，单位为 $kW \cdot h$；D 为最长无日期间用电时数，单位为 h；F 为蓄电池放电效率的修正系数（通常取 1.05）；P_0 为平均负荷容量，单位为 kW；L 为蓄电池的维修保养率（通常取 0.8）；U 为蓄电池的放电深度（通常取 0.5）；K_a 为包括逆变器等交流回路的损耗率（通常取 0.7 ~0.8）。上式可简化为：

$$C = 3.75 \times D \times P_0$$

这是根据平均负荷容量和最长连续无日照时的用电时数算出的蓄电池容量的简便公式。由于蓄电池容量一般以安时数表示，故蓄电池容量为：

$$C'(Ah) = 1000 \times \frac{C(kW \cdot h)}{V}$$

$$C'(Ah) = I \times H$$

式中，C' 为蓄电池容量，单位为 Ah；V 为光伏系统的电压等级（系统电压），通常为 12V、24V、48V、110V 或 220V；I 为充电电流；H 为充电时间。

例如，按宁波太阳能电源有限公司提供的晶体电池组件，对浙江南都电源动力股份有限公司的阀控式密封铅酸蓄电池进行选型。基本要求为：可为 400W 的负载连续 5 天阴雨天的情况下供电；蓄电池能放电到其额定容量的 75% ~80%，性能正常，并保证具有 5 年使用寿命。

浙江南都电源动力股份有限公司的 AGM 电池放电容量见表 3-3。

表 3-3　AGM 电池的放电容量

电池类型	10h 放电容量/Ah	3h 放电容量/Ah	1h 放电容量/Ah
GFM - 800	870 ~900	620 ~673.3	403 ~469.3
GFM - 1000	1060 ~1090	825 ~900	625 ~675
GFM - 1500	1700 ~1720	1216 ~1237	800 ~850

功率 400W 太阳能电池方阵用蓄电池选型容量计算如下：

逆变器的转换效率为 0.75，负载为 400W，故实际所需功率为 400W/0.75 =533W。

设系统工作电压为 24V，则电流 $I = 533W/24V = 22.2A$。

如果连续使用 5 天，即 120h，则放电容量为 22.2A × 120h = 2664Ah。如果按电池的

80%利用率计算，则对电池的额定容量要求为：

容量 $C = 2664\text{Ah}/0.8 = 3330\text{Ah}$

按照此设计，白天正常充电，晚上蓄电池放电（以放电 12h 为例）的情况下（负载工作 6~12h），逆变器转换效率按 75% 进行计算，该蓄电池的放电深度为：

$$U = 22.2\text{A} \times 12\text{h}/3330\text{Ah} = 8.0\%$$

方案 1：用 2 组 1500Ah 电池并联使用。上述测试数据可以看出，1500Ah 的电池容量比较富余，其 10h 容量平均可以达到 1700Ah，如果采用 2 组并联，容量达到 3330Ah 以上，可以满足要求。这一方案的优点是容量可以达到要求并有富余，同时只需要 2 组电池，维护相应较少，电池所占的空间要少。

方案 2：用 4 组 800Ah 电池并联使用。800Ah 电池 10h 的放电平均容量为 880Ah，如果采用 4 组并联，其容量可以达到 3500Ah，足以达到 3330Ah，容量比较富余。这一方案优点是使用 4 组为 800Ah 的电池并联，容量更充分、富余；其缺点是要并联使用 4 组电池，相对于 1500Ah 的电池，成本要增加，所占用的场地要增加，维护工作也要大些。

3.3 超级电容器容量设计

【任务说明】

超级电容器又叫双电层电容器，是一种新型储能装置，其具有充电时间短、使用寿命长、温度特性好、节约能源和绿色环保等特点，其储能的过程并不发生化学反应，并且这种储能过程是可逆的，也正因为如此，超级电容器可以反复充放电数十万次。本节主要学习超级电容器的工作特点及容量设计的一般方法。

【任务实施】

1. 超级电容器概述

超级电容器又名化学电容器或双电层电容器（如图 3-5 所示），是一种电荷的储存器，但在其储能的过程中并不发生化学反应，而且是可逆的。因此，这种超级电容器可以反复充放电数十万次。它可以被视为悬浮在电解质中的两个无反应活性的多孔电极板，在极板上加电，正极板吸引电解质中的负离子，负极板吸引正离子，实际上形成两个容性存储层，被分离开的正离子在负极板附近，负离子在正极板附近，故又称为双电层电容器。

图 3-5　各种超级电容器外形图

2. 电容器的工作原理

电容器是由两个彼此绝缘的平板形金属电容板组成，在两块电容板之间用绝缘材料隔开。电容器极板上所聚集的电量 E 与电压成正比。电容器的计量单位为法拉（F）。当电容充上 1V 的电压，如果极板上储存 1C 的电荷量，则该电容器的电容量就是 1F。

电容器的电容量计算公式为：

$$C = KA/D$$

式中，K 为电介质的介电常数，单位为 F/m；A 为电极表面积，单位为 m^2；D 为电容器间隙的距离，单位为 m。

电容器的电容量取决于电容板的面积，与面积的大小成正比，而与电容板的厚度无关。另外，电容器的电容量还与电容板之间的间隙大小成反比。当给电容元件进行充电时，电容元件上的电压增高，电场能量增大，电容器从电源上获得电能，电容器中储存的电量 E 计算公式为：

$$E = CU^2/2$$

式中，U 为外加电压，单位为 V。

当电容器进行放电时，电容器上的电压降低，电场能量减小，电容器从电源上释放能量，释放的最大电量为 E。

3. 超级电容器的结构

超级电容器中，多孔化电极采用活性炭粉、活性炭和活性炭纤维，如图 3-6 所示，电解液采用有机电解质，如丙烯碳酸酯或高氯酸四乙基铵。工作时，在可极化电极和电解质溶液之间界面上形成了双电层中聚集的电容量。因电极采用多孔性的活性炭，有极大的表面积在电解液中吸附电荷，所以具有极大的电容量并可以存储很大的静电能量，超级电容器的这一特性使其介于传统的电容器与电池之间。尽管这能量密度是 5% 或是更少，但是这能量的储存方式，也可以应用在短时高峰大电流的场合。

当外加电压加到超级电容器的两个极板上时，与普通电容器一样，极板的正电极存储正电荷，负极板存储负电荷。在两极板上的电荷产生的电场作用下，电解液与电极间的界面上形成相反的电荷，以平衡电解液的内电场，这种正电荷与负电荷在两个不同相之间的接触面上，以正负电荷之间极短间隙排列在相反的位置上，这个电荷分布层叫作双电层，因此电容量非常大，如图 3-7 所示。当两极板间电势低于电解液的氧化还原电极电位时，电解液界面上电荷不会脱离电解液，超级电容器为正常工作状态（通常为 3V 以下），如电容器两端电压超过电解液的氧化还原电极电位时，电解液将分解，为非正常状态。由于随着超级电容器放电，正、负极板上的电荷被外电路泄放，电解液的界面上的电荷相应减少。由此可以看

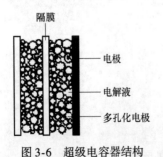

图 3-6　超级电容器结构

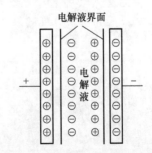

图 3-7　超级电容器工作原理

出，超级电容器的充放电过程始终是物理过程，没有化学反应。因此性能是稳定的，与利用化学反应的蓄电池是不同的。

4. 超级电容器的技术指标

超级电容器的主要技术指标有：容量、内阻、漏电流、能量密度、功率密度、循环寿命、高低温特性等。

1）容量：电容器存储的容量，单位为 F。

2）内阻：分为直流内阻和交流内阻，单位为 mΩ（毫欧）。

3）漏电流：恒定电压下一定时间后测得的电流，单位为 mA（毫安）。

4）能量密度：单位重量或单位体积的电容器所输出的能量，单位为 Wh/kg 或 Wh/L。

5）功率密度：单位重量或单位体积的超级电容器所输出的功率，代表超级电容器所承受电流的大小，单位为 W/kg 或 W/L。

6）循环寿命：超级电容器经历一次充电和放电，称为一次循环。可超过数十万次。

7）高低温特性：超级电容器可以在 -40 ~ 70℃ 范围内正常工作。

5. 超级电容器的特点

1）使用寿命长，充放电大于 50 万次，是锂离子电池（Li-Ion）的 500 倍，是镍氢电池（Ni-MH）和镍镉电池（Ni-Cd）的 1000 倍，如果对超级电容每天充放电 20 次，连续使用可达 50 年以上，与蓄电池的差别见表 3-4。

表 3-4 超级电容器与蓄电池主要性能比较

性　　能	蓄电池（锂电池）	超级电容器
额定电压/V	3.0 ~ 3.7	1.2 ~ 1.5
充电时间（充满）	5 ~ 6h	单体数秒
功率密度/（W/kg）	低，50 ~ 200	高，1000 ~ 2000
循环寿命（可充放电次数）	5000 ~ 10000 次	>10 万次

2）充电速度快，充电 10s 以上可达到其额定容量的 95% 以上。超级电容器在其额定电压范围内可以被充电至任意电位，且可以完全放出。而电池则受自身化学反应限制工作在较窄的电压范围，如果过放可能造成永久性破坏。

3）在很小的体积下达到法拉级的电容量，无须特别的充电电路和控制放电电路，和电池相比，过充、过放都不对其寿命构成负面影响。

4）保存使用不当会造成电解质泄漏等现象。它内阻较大，因而不可以用于交流电路。

5）超级电容器与传统电容器不同，超级电容器在分离出的电荷中存储能量，用于存储电荷的面积越大、分离出的电荷越密集，其电容量越大。

传统电容器的面积是导体的平板面积，为了获得较大的容量，导体材料卷制得很长，有时用特殊的组织结构来增加它的表面积。传统电容器是用绝缘材料分离它的两极板，一般为塑料薄膜、纸等，这些材料通常要求尽可能的薄。超级电容器的面积是基于多孔碳材料，该材料的多孔结构允许其面积达到 $2000m^2/g$，通过一些措施可实现更大的表面积。超级电容器电荷分离开的距离是由被吸引到带电电极的电解质离子尺寸决定的。该距离比传统电容器薄膜材料所能实现的距离更小。这种庞大的表面积再加上非常小的电荷分离距离，使得超级电容器较传统电容器而言有大得惊人的静电容量，这也是其所谓"超级"的原因。

6. 超级电容器容量设计方法

在超级电容器的应用中，怎样计算超级电容器在以一定电流放电时的放电时间，或者根据放电电流及放电时间，怎么选择超级电容器的容量，可根据下面给出的简单计算公式计算。根据这个公式，可以简单地进行电容容量、放电电流、放电时间的计算，十分方便。

（1）各计算单位及含义

$C(\mathrm{F})$：超级电容器的标称容量。

$U_1(\mathrm{V})$：超级电容器的正常工作电压。

$U_0(\mathrm{V})$：超级电容器的截止工作电压。

$T(\mathrm{s})$：在电路中的持续工作时间。

$I(\mathrm{A})$：负载电流。

（2）超级电容器容量的近似计算公式

由于保持期间所需能量等于超级电容器减少的能量，且

$$保持期间所需能量 = 0.5I(U_1 + U_0)T$$
$$超级电容器减小能量 = 0.5C(U_1^2 - U_0^2)$$

因而，可得其容量（忽略由内阻引起的压降）为：

$$C = \frac{(U_1 + U_0)I \times T}{U_1^2 - U_0^2}$$

例如，一盏太阳能草坪灯，应用超级电容器作为储能蓄电元件，草坪灯工作电流为15mA，工作时间为每天3h，正常工作电压为1.7V，截止工作电压为0.8V，求需要多大容量的超级电容器能够保证草坪灯正常工作？

由以上公式可知：

$$正常工作电压\ U_1 = 1.7\mathrm{V}$$
$$截止工作电压\ U_0 = 0.8\mathrm{V}$$
$$工作时间\ T = 10800\mathrm{s}$$
$$工作电流\ I = 0.015\mathrm{A}$$

那么所需的电容容量为：

$$C = \frac{(U_1 + U_0)I \times T}{U_1^2 - U_0^2} = \frac{(1.7\mathrm{V} + 0.8\mathrm{V}) \times 0.015\mathrm{A} \times 10800\mathrm{s}}{1.7\mathrm{V}^2 - 0.8\mathrm{V}^2} = 180\mathrm{F}$$

根据计算结果，选择耐压2.5V、180～200F超级电容器就可以满足工作需要了。

3.4 其他储能技术

3.4.1 飞轮储能

【任务说明】

飞轮储能作为一种纯机电的储能系统，具有能量大、功率高、无二次污染、寿命长等优点，其以惯性（动能）的方式将能量储存在高速旋转的飞轮中。本节主要学习飞轮蓄能的工作原理及在光伏发电系统中的应用方法。

【任务实施】

1. 飞轮储能技术

飞轮储能是机械储能的一种形式，以惯性能（动能）的方式，将能量储存在高速旋转的飞轮中。当车辆制动时，飞轮储能系统拖动飞轮加速，将车身的惯性动能转化为飞轮的旋转动能。当车辆需起动或加速时，飞轮减速，释放其旋转动能给车身。

目前，飞轮储能技术已经在 UPS、电力系统、混合动力机车等领域的应用获得了成功。飞轮储能技术涉及多种学科与技术，主要包括机械科学、电气科学、磁学、控制科学和材料科学等，以及复合材料的成型与制造技术、稀土永磁材料技术、磁悬浮技术、传感技术、用于变压变频的电力电子技术、高速双向电动机/发电机技术等。

飞轮储能装置的结构如图 3-8 所示，主要包括 5 个基本组成部分：采用高强度玻璃纤维（或碳纤维）复合材料的飞轮转子；悬浮飞轮的电磁轴承及机械保护轴承；电动/发电互逆式电机；电机控制与电力转换器；高真空及安全保护罩。

现代飞轮储能系统的飞轮转子在运动时由磁力轴承实现转子无接触支撑，而机械保护轴承主要负责转子静止或存在较大的外部扰动时的辅助支撑，以避免飞轮转子与定子直接相撞而导致灾难性破坏。高真空及安全保护罩用来保持壳体内始终处于真空状态，减少转子运转的风耗，同时避免转子产生爆裂或定子与转子相碰时发生意外。此外还有一些辅助系统，例如用来负责电机和磁悬浮轴承的冷却系统。

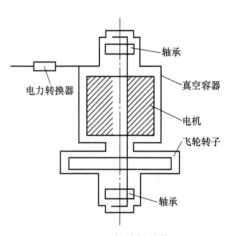

图 3-8　飞轮储能结构

飞轮储能系统是一种机电能量转换与储存装置，它存在两个工作模式：一种为"充电"模式，这时电机作为电动机运行，由工频电网提供的电能经功率电子变换器驱动电机加速，电机拖动飞轮加速储能，能量以动能形式储存在高速旋转的飞轮体中；另一种为"放电"模式，当飞轮达到设定的最大转速以后，系统处于能量保持状态，直到接收到一个释放能量的控制信号，系统释放能量，高速旋转的飞轮利用其惯性作用拖动电机减速发电，经功率变换器输出适用于负载要求的电能，从而完成动能到电能的转换。由此，整个飞轮储能系统实现了电能的输入、储存和输出控制。其工作过程如图 3-9 所示。

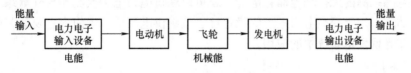

图 3-9　飞轮储能工作过程

飞轮储能需要电能的持续输入，以维持转子的转速恒定。一旦断电，飞轮储能通常只能维持一两分钟。这就是说，飞轮储能的优势不在于时间的长短，而在于充放的快捷。

2. 光伏系统飞轮储能

含有飞轮储能的小型光伏发电站系统由光伏电池和飞轮电池两大主体以及控制器电路和

输电线路构成，而飞轮电池又由储能飞轮、磁力轴承、集成式电动机、发电机等关键零部件组成。由于光伏发电是一种随机性、波动性非常强的发电方式，一般只在白天发电，而且在一天的不同时段，发电量的差异也非常大，因此必须对它输出的电力进行调节和控制。

一个完整的含有飞轮储能系统的光伏发电站的系统主要由光伏阵列、DC-DC变换器、两个逆变器、集成式电动机/发电机、一个控制器以及监测和显示仪表等部分构成。具体结构如图3-10所示。

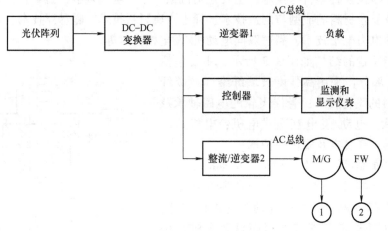

图3-10　飞轮储能系统结构

DC-DC变换器的主要作用是将直流输入端的电压提高，以匹配负载的供电电压；当电流通过DC-DC变换器升压后，输出部分接入逆变器1将直流电变成一定频率和幅值的交流输出到负载，或者接入到整流/逆变器2将直流转变成频率和幅值可调的交流电送入到电动机，控制电动机的转速变化，让飞轮电池转速升高而充电。当光伏阵列的输出功率不足或完全没有输出能力时，则负载要由飞轮电池补充或全部供电。由飞轮电池发电机发出的电力经过整流/逆变器2整流后送入直流总线部分，再经过逆变器1将直流电变成一定频率和幅值的交流电输出到负载，向负载供电。

3.4.2　超导储能

【任务说明】

超导储能（SMES）是利用超导体的电阻为零的特性制成的储存电能的装置，其不仅可以在超导体电感线圈内无损耗地储存电能，还可以通过电力电子换流器与外部系统快速交换有功和无功功率，用于提高电力系统的稳定性、改善供电品质。本内容主要学习超导储能的工作原理及在光伏发电系统中的应用。

【任务实施】

1. 超导储能系统认识

超导储能是将一个超导体圆环置于磁场中，降温至圆环材料的临界温度以下，撤去磁场，由于电磁感应，圆环中便有感应电流产生，只要温度保持在临界温度以下，电流便会持续保持下去。试验表明，这种电流的衰减时间不低于10万年。显然这是一种理想的储能装置，称为超导储能。

由于超导储能具备反应速度快、转换效率高等优点，可以用于改善供电质量、提高电力系统传输容量和稳定性、平衡电荷，因此在可再生能源发电并网、电力系统负载调节和军事等领域被寄予厚望。近年来，随着实用化超导材料的研究取得重大进展，世界各国相继开展超导储能的研发和应用的示范工作。

2. 超导储能工作原理

超导储能的基本原理是利用电阻为零的超导磁体制成超导线圈，形成大的电感，在通入电流后，线圈的周围就会产生磁场，电能将会以磁能的方式存储在其中。超导储能按照线圈材料可分为低温超导储能和高温超导储能。用于储能的超导技术已经开始显现极有前景的成果。其工作原理是能量储存在绕组的磁场中，由下式表示：

$$E = \frac{1}{2}I^2L$$

式中，I 为绕组的电流，单位为 A；L 为绕组的电感，单位为 H（亨利）。

绕组必须承载电流，以产生所需的磁场。而产生电流需要在绕组端口施加电压。绕组电流 I 和电压 V 之间的关系为：

$$V = RI + L\frac{\mathrm{d}i}{\mathrm{d}t}$$

式中，R 和 L 分别是绕组的电阻和电感。稳态储能时 $L\frac{\mathrm{d}i}{\mathrm{d}t}$ 必定为 0，驱动电流环流所需电压简化为：

$$V = RI$$

绕组的电阻依赖于温度。对于大多数导体材料来说，温度越高，电阻越大。如果绕组温度下降，电阻也会下降，如图 3-11 所示。某些材料中，电阻会在某个临界温度时急剧下降到精确 0Ω。图中，该点标为 T_c。在此温度以下，再无须电压来驱动绕组中的电流，绕组的端口可以被短接在一起。电流会在短路的绕组中永远不停地持续流动，相应的能量也就永远存储在绕组中。一个绕组具有零电阻，就称为获得超导状态，而绕组中的能量就被"冻结"。

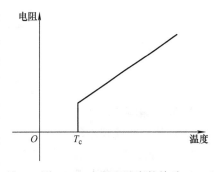

图 3-11　电阻和温度的关系

图 3-12 所示为典型超导储能系统原理。超导磁场的线圈由磁场电源中的 AC-DC 变换器充电。一旦充满，AC-DC 变换器只需提供持续的小幅电压，以克服部分电路元件向室温中的损耗，这样就保持恒定的直流电流在超导线圈中流动（冻结）。在储能模式下，电流通过正常闭合的开关循环流动。

系统控制器有 3 个主要功能：控制固态隔离开关；监视负载电压和电流；与电压调节器接口。该调节器控制直流功率流入和流出绕组。

如果系统控制器检测到线电压降落，就说明系统不能满足负载的要求。电压调节器中的开关在 1ms 之内断开，绕组中的电流此时就流入电容器组，直到系统电压恢复到额定水平。电容器功率被逆变成 60Hz 或 50Hz 的交流，反馈给负载。当电容器能量耗尽时，母线电压便会降落，开关再次打开，该过程继续为负载提供能量。根据为特定负载提供特定持续时间的电力，来确定系统储存能量的规模。

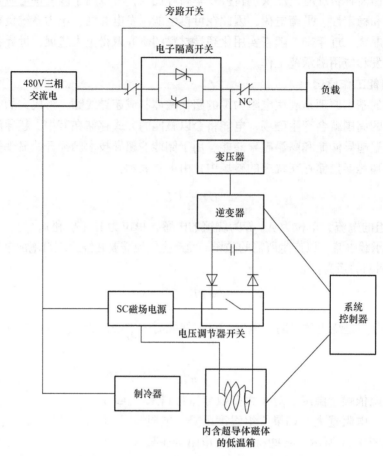

图 3-12　超导储能系统原理

3. 超导储能技术优缺点

（1）超导储能技术的优点

1）超导线圈运行在超导状态下无直流电流焦耳热损耗，同时它可传导的平均电流密度，比一般常规导线线圈高 2 个数量级，可产生很强的磁场，能达到很高的储能密度（约 $10^8 J/m^3$）且能长时间无损耗地储能，而蓄电池储能重复次数一般在千次以下。

2）能量的释放速度快，功率输送时无须能源形式的转换，可通过采用电力电子器件的变流器实现与电网的连接。响应速度快（ms 级），转换效率高（大于 96%），比容量（$1 \sim 10kWh/kg$）和比功率（$10^4 \sim 10^5 kW/kg$）大。

3）超导储能线圈的储能量与功率调节系统的容量，可独立地在大范围内选取。储能系统容易控制，超导储能装置独立地与系统进行四象限有功和无功功率的交换，可调节电网电压、频率、有功和无功功率，实现与电力系统的实时大容量能量交换和功率补偿。

4）超导储能装置除了真空和制冷系统外没有转动磨损部分，因此装置使用寿命长。

5）超导储能装置可不受地点限制，污染小。

（2）超导储能技术的缺点

与其他储能技术相比，超导储能仍很昂贵，除了超导体本身的费用外，维持系统低温导致的维修频率提高以及产生的费用也相当可观。

4. 超导系统在光伏发电系统中的应用

应用超导储能技术的光伏发电系统的整体结构如图 3-13 所示。光伏发电系统和超导储能系统通过交流母线相连为本地负载供电。电流型超导储能的控制，一般由外环控制和内环控制两部分组成。

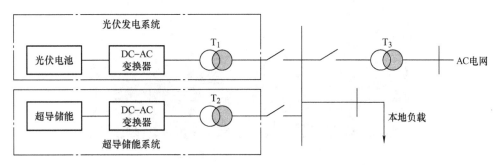

图 3-13　应用超导储能技术的光伏发电系统的整体结构

3.4.3　抽水蓄能

【任务说明】

抽水蓄能电站利用电力负荷低谷时的电能抽水至上水库，在电力负荷高峰期再放水至下水库发电的水电站，又称蓄能式水电站。它可将电网负荷低时的多余电能，转变为电网高峰时期的高价值电能，还起到调频、调相及稳定电力系统的作用。本内容主要学习抽水蓄能电站的作用及其工作原理。

【任务实施】

抽水蓄能电站是一种特殊形式的水力发电系统。该系统集抽水与发电两类设施于一体，上、下游均设置水库，在电力负荷低谷或丰水时期，利用其他电站提供的剩余能量，从地势低的下水库抽水到地势高的上水库中，将电能转换为势能；在日间出现高峰负荷或枯水季节，再将上水库的水放下，驱动水轮发电机组发电，将势能转换为电能。图 3-14 所示为天荒坪抽水蓄能电站。

1. 抽水蓄能电站的作用

众所周知，随着工业化水平的发展和人民生活用电的增加，电网用电负荷的峰谷差越来越大。图 3-14 是典型的日负荷曲线。在 8：00～10：00 和 19：00～22：00 为两个高峰负荷期，此期间电网的发电出力必须满足用电负荷最大值 P_{max}（大于等于 P_{max}）的要求；23：00 以后为低谷负荷，电网的发电出力又必须限制在用电负荷最小值 P_{min} 附近。

也就是说，发电出力必须满足调峰要求。随着电网的发展，大机组在电网中的比重将增加，用高压高温高效率的大机组来调节负荷不仅在经济上是不合算的，而且对设备的安全和寿命也有影响，因此电网调峰将更为困难。抽水蓄能电站的作用就是在低谷负荷期间吸取电网中的电能将水抽至上水库，积蓄能量；而在高峰负荷期间再将上水库的水发电。即在图 3-15 中增加了 "V" 部分的用电负荷，使常规机组负荷不必降到 P_{min}。而在高峰负荷时，"P" 部分的负荷由抽水蓄能机组承担，使常规机组的负荷不需要升高到 P_{max}。"V" 的面积必然是大于 "P" 的面积，因为在电能平衡上是要亏损的，然而这样却减小了大机组的调峰

图 3-14　天荒坪抽水蓄能电站

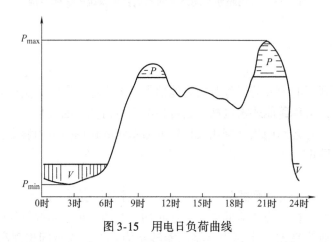

图 3-15　用电日负荷曲线

幅度, 降低了大机组由于带峰荷而引起的额外的燃料消耗, 提高了大机组的利用率。从全电网来衡量其经济效益是显著的。

抽水蓄能电站的综合效率一般在 $65\% \sim 75\%$, 这一数字包括了抽水和发电时所损耗的机械效率。然而, 大火电机组利用率的提高即意味着煤耗的降低。如火电厂在 $30\% \sim 40\%$ 酌额定工况运行时, 其煤耗约比额定工况增加 35%, 而且低负荷运行可能要用油助燃, 厂用电率也要比正常增加 $1 \sim 2$ 个百分点。煤耗和厂用电的减少也可认为是在同样的能耗时发电量的增加。

此外, 常规水力发电站虽然也具备调峰功能, 但其发电出力往往与灌溉、防洪等矛盾。因为常规水电站的水库调度是一个综合的系统工程。而抽水蓄能电站的发电量及蓄水量是可以按日调节的, 能够做到按日平衡, 不影响水库的中长期调度。

综上所述, 抽水蓄能电站的优越性可以归纳为以下几点。

1) 对电网起到调峰作用, 降低火电机组的燃料消耗、厂用电和运行费用。

2) 提高火电机组的利用率, 可降低火电装机容量。

3) 避免水电站发电与农业的矛盾, 有条件按电网要求进行调度。

4）作为事故备用电源，起动快，抽水工况与发电工况可以迅速转变，并可以调相、调频。

5）无环境污染。

因此，国际上已经广泛地采用抽水蓄能站，并向大容量发展。抽水蓄能电站的容量有的国家已经占装机容量的7%～10%，占常规水电站装机容量的20%～30%。

2. 抽水蓄能电站的构成

抽水蓄能电站应有上水库（池）、高压引水系统、主厂房、低压尾水系统和下水库（池）。其构成如图3-16所示。

按水文条件来看，如果上水库没有流域面积或流域面积较小，且没有天然入流量，则这一类抽水蓄能电站称为"纯抽水蓄能电站"，厂房内安装流量基本相同的水轮机和（或）水泵。如果上水库有天然入流量，则这一类抽水蓄能电站称为"混合式抽水蓄能电站"，厂房内除安装抽水蓄能机组外，尚可增装常规的水轮发电机，其容量应与来水量相匹配。

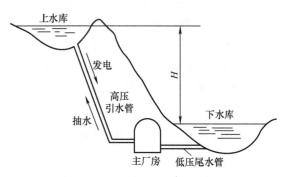

图3-16 抽水蓄能电站示意图

3. 抽水蓄能电站现状与前景

20世纪50年代到20世纪80年代，以美国、日本和西欧各国为代表的发达国家带动了抽水蓄能电站大规模发展。然而，从20世纪90年代到现在，除日本外，美国和西欧各国都放慢了抽水蓄能电站发展的速度。对我国来讲，抽水蓄能的发展呈现以下特点。

1）我国的抽水蓄能电站近20年来得到快速发展，到2010年年底，投产装机容量达到16345MW，居世界第三；在建装机容量达到12040MW，居世界第一。但抽水蓄能电站装机容量占我国总装机容量的比例还比较低。

2）施工技术达到世界先进水平，大型机电设备原来依赖进口，经过近几年的技术引进、消化和吸收，基本具备生产能力。

3）按照目前国家政策，抽水蓄能电站原则上由电网企业建设和管理。

根据国家"十三五"能源和电力规划要求，到2020年我国抽水蓄能运行容量将达到40GW，到2019年年底，我国在运、在建规模分别达到19.23GW、30.15GW，使得我国抽水蓄能电站装机容量跃居世界第一。建设这一批具有良好调节性能、经济高效的抽水蓄能电站，可以显著提高系统调节能力，同时，可以满足风电、光伏发电快速增长所增加的部分调峰需求，为当地大规模发展清洁能源提供有利条件，保障跨区跨省输电通道安全运行。

3.5 本章练习

1. 简述储能的种类及各自的特点。
2. 比较超级电容器储能与铅酸蓄电池储能特点。

3. 要为一个太阳能楼宇发电系统设计超级电容，已知工作电流30mA，每天工作8h，工作电压1.8V，截止工作电压1.2V，求超级电容器需要容量。

4. 一个离网光伏发电系统负载如表3-5所示，分析该系统蓄电池容量。

表3-5　离网光伏发电系统负载示例

序号	负载名称	AC/DC	负载功率/W	负载数量	合计功率/W	每日工作时间/h	每日耗电量/Wh
1	空调	AC	1500	1	1500	8	12000
2	电视	AC	100	1	100	8	800
3	日常照明	AC	30	4	120	3	360

5. 分析铅酸蓄电池结构、铅酸蓄电池工作原理、铅酸蓄电池技术参数。

6. 蓄电池型号为12-GFM-800，型号的含义是什么？

7. 表3-6为南都电源几组蓄电池型号，如果要设计一个容量 C 为3330Ah 的蓄电池组，应该如何选择和设计蓄电池结构。

表3-6　南都电源蓄电池型号

电 池 类 型	10h 放电容量/Ah	3h 放电容量/Ah	1h 放电容量/Ah
CFM-800	870 ~ 900	620 ~ 673.3	403 ~ 469.3
GFM-1000	1060 ~ 1090	825 ~ 900	625 ~ 675
GFM-1500	1700 ~ 1720	1216 ~ 1237	800 ~ 850

项目4　光伏直流控制设备

【项目描述】

在离网光伏发电系统中，光伏直流控制设备主要是指光伏控制器，实现蓄电池的充放电保护及负载工作状态的控制。在并网光伏发电系统中，光伏直流控制设备包括光伏汇流箱、直流防雷配电柜等设备。本项目主要学习光伏控制器、光伏汇流箱、直流防雷配电柜的工作原理及其使用方法。

【知识目标】

1. 了解光伏控制器的结构及功能。

2. 掌握光伏控制器的分类及体系结构；掌握蓄电池控制电路的控制原理；掌握草坪灯控制电路的设计及原理。

3. 掌握光伏控制器最大功率点跟踪原理；掌握光伏电池的定电压跟踪、功率反馈法、扰动观测法等最大功率点跟踪方法及原理。

4. 掌握光伏汇流箱的工作原理及其选配方法。

5. 掌握直流防雷配电柜的工作原理及其选配方法。

4.1　光伏控制器

4.1.1　光伏控制器认知

【任务说明】

光伏控制器是离网光伏发电系统的核心部件，主要实现蓄电池充放电控制及负载供电控制等；同时光伏控制器应具有防止蓄电池过充电和过放电，防止光伏电池板或组件方阵、蓄电池极性接反等功能。本节主要学习光伏控制器的功能、特点，以及光伏控制器的各项参数指标等知识。

【任务实施】

光伏控制器是光伏发电系统的核心部件之一。在小型光伏发电系统中，光伏控制器主要用来保护蓄电池。在大中型光伏发电系统中，光伏控制器担负着平衡光伏系统能量、保护蓄电池及整个系统正常工作和显示系统工作状态等重要作用。光伏控制器可以单独使用，也可以和逆变器等合为一体。常见的光伏控制器如图4-1所示。

1. 光伏控制器的功能

光伏控制器应具有以下功能。

1）防止蓄电池过充电和过放电，延长蓄电池寿命。

2）防止光伏电池组件或电池方阵、蓄电池极性接反。

3）防止负载、控制器、逆变器和其他设备内部短路。

4）具有防雷击引起的击穿保护。

a) b) c)

图 4-1　常见的光伏控制器

a）小功率控制器　b）中功率控制器　c）大功率控制器

5）具有温度补偿的功能。

6）显示光伏发电系统的各种工作状态，包括：蓄电池（组）电压、负载状态、电池方阵工作状态、辅助电源状态、环境温度状态、故障报警等。

7）耐冲击电压和冲击电流保护。在控制器的太阳能电池输入端施加 1.25 倍的标称电压持续 1h，控制器不会损坏。将控制器充电回路电流达到标称电流的 1.25 倍并持续 1h，控制器也不会损坏。

2. 光伏控制器的性能特点

按照功率大小，光伏控制器可以分为小功率、中功率、大功率控制器，其性能特点如下。

（1）小功率光伏控制器

1）目前大部分小功率光伏控制器都采用低损耗、长寿命的 MOSFET 场效应管等电子开关元件作为控制器的主要开关器件。

2）运用脉冲宽度调制技术对蓄电池进行快速充电和浮充电，使太阳能发电能量得以充分利用。

3）具有单路、双路负载输出和多种工作模式。其主要工作模式有：普通开/关工作模式（即不受光控和时控的工作模式）、光控开/光控关工作模式、光控开/时控关工作模式。双路负载控制器控制关闭的时间长度可分别设置。

4）具有多种保护功能。包括蓄电池和光伏电池接反、蓄电池开路、蓄电池过充电和过放电、负载过电压、夜间防反充电、控制器温度过高等多种保护。

5）用 LED 指示灯对工作状态、充电状况、蓄电池电量等进行显示，并通过 LED 指示灯颜色的变化显示系统工作状况和蓄电池的剩余电量等。

6）具有温度补偿功能。其作用是在不同的工作环境温度下，能够对蓄电池设置更为合理的充电电压，防止过充电和欠充电而造成电池充放电容量过早下降甚至过早报废。

（2）中功率光伏控制器

一般把额定负载电流大于 15A 小于 40A 的控制器划分为中功率控制器。其主要性能特点如下。

1）采用 LCD 液晶屏显示工作状态和充放电等各种重要信息，如电池电压、充电电流、放电电流、工作模式、系统参数、系统状态等。

2）具有自动/手动/夜间功能。可编制程序设定负载的控制方式为自动或手动方式。手动方式时，负载可手动开启或关闭。当选择夜间功能时，控制器在白天关闭负载；检测到夜晚时，延迟一段时间后自动开启负载，定时时间到后，又自动地关闭负载，延迟时间和定时时间可编程设定。

3）具有蓄电池过充电、过放电、输出过载、过电压、温度过高等多种保护功能。

4）具有浮充电压的温度补偿功能。

5）具有快速充电功能。当电池电压低于一定值时，快速充电功能自动开启，控制器将提高电池的充电电压，当电池电压达到理想值时，开始快速充电倒计时程序，定时时间到后，退出快速充电状态，以达到充分利用太阳能的目的。

6）同样具有普通充放电工作模式（即不受光控和时控的工作模式）、光控开/光控关工作模式、光控开/时控关工作模式等。

（3）大功率光伏控制器

大功率光伏控制器采用微型计算机芯片控制系统，具有下列性能特点。

1）具有 LCD 液晶点阵模块显示，可根据不同的场合通过编程任意设定、调整充放电参数及温度补偿系数，具有中文操作菜单，方便用户调整。

2）可适应不同场合的特殊要求，可避免各路充电开关同时开启和关断时引起的振荡。

3）可通过 LED 指示灯显示各路光伏充电状况和负载通断状况。

4）有 1~18 路太阳能电池输入控制电路，控制电路与主电路完全隔离，具有极高的抗干扰能力。

5）具有电量累计功能，可实时显示蓄电池电压、负载电流、充电电流、光伏电流、蓄电池温度、累计光伏发电量（单位为 Ah 或 Wh）、累计负载用电量（单位为 Wh）等参数。

6）具有历史数据统计显示功能，如过充电次数、过放电次数、过载次数、短路次数等。

7）用户可分别设置蓄电池过充电保护和过放电保护时负载的通断状态。

8）各路充电电压检测具有"回差"控制功能，可防止开关器件进入振荡状态。

9）具有蓄电池过充电、过放电、输出过载、短路、浪涌、光伏电池接反或短路、蓄电池接反、夜间防反充等一系列报警和保护功能。

10）可根据系统要求提供发电机或备用电源启动电路所需的无源干节点。

11）配接有 RS232/485 接口，便于远程通信、控制；计算机监控软件可测实时数据，报警信息显示，修改控制参数，读取 30 天的每天蓄电池最高电压、蓄电池最低电压，每天光伏发电量累计和每天负载用电量累计等历史数据。

12）参数设置具有密码保护功能且用户可修改密码。

13）具有过电压、欠电压、过载、短路等保护报警功能。具有多路无源输出的报警或控制接点，包括蓄电池过充电、蓄电池过放电、其他发电设备启动控制、负载断开、控制器故障、水淹报警等功能。

14）工作模式可分为普通充放电工作模式（阶梯形逐级限流模式）和一点式充放电模式（PWM 工作模式）。其中一点式充放电模式分 4 个充电阶段，控制更精确，更好地保护蓄电池不被过充电，对太阳能予以充分利用。

15）具有不掉电实时时钟功能，显示和设置时钟。

16）具有雷电防护功能和温度补偿功能。

3. 光伏控制器的主要技术参数

（1）系统电压

系统电压也叫额定工作电压，是指光伏发电系统的直流工作电压，电压一般为 12V 和 24V，中、大功率控制器也有 48V、110V、220V 等。

（2）最大充电电流

最大充电电流是指光伏电池组件或方阵输出的最大电流，根据功率大小分为 5A、10A、20A、30A、100A、150A、200A、250A、300A 等多种规格。有些厂家用太阳能电池组件最大功率来表示这一内容，间接地体现了最大充电电流这一技术参数。

（3）光伏电池方阵输入路数

小功率光伏控制器一般都是单路输入，而大功率光伏控制器都是由光伏电池方阵多路输入，一般大功率光伏控制器可输入 6 路、12 路，最多的可输入 12 路。

（4）电路自身损耗

控制器的电路自身损耗也是其主要技术参数之一，也叫空载损耗（静态电流）或最大自消耗电流。为了降低控制器的损耗，提高光伏电源的转换效率，控制器的电路自身损耗要尽可能低。控制器的最大自身损耗不得超过其额定充电电流的 1% 或 0.4W。根据电路不同自身损耗电流一般为 5～20mA。

（5）蓄电池过充电保护电压（H_{VD}）

蓄电池过充电保护电压也叫充满断开或过电压关断电压，一般可根据需要及蓄电池类型的不同，设定在 14.1～14.5V（12V 系统）、28.2～29V（24V 系统）和 56.4～58V（48V 系统）之间，典型值分别为 14.4V、28.8V 和 57.6V。蓄电池充电保护的关断恢复电压（H_{VR}）一般设定为 13.1～13.4V（12V 系统）、26.2～26.8V（24V 系统）和 52.4～53.6V（48V 系统）之间，典型值分别为 13.2V、26.4V 和 52.8V。

（6）蓄电池的过放电保护电压（L_{VD}）

蓄电池的过放电保护电压也叫欠电压断开或欠电压关断电压，一般可根据需要及蓄电池类型的不同，设定在 10.8～11.4V（12V 系统）、21.6～22.8V（24V 系统）和 43.2～45.6V（48V 系统）之间，典型值分别为 11.1V、22.2V 和 44.4V。蓄电池过放电保护的关断恢复电压（L_{VR}）一般设定为 12.1～12.6V（12V 系统）、24.2～25.2V（24V 系统）和 48.4～50.4V（48V 系统）之间，典型值分别为 12.4V、24.8V 和 49.6V。

（7）蓄电池充电浮充电压

蓄电池的充电浮充电压一般为 13.7V（12V 系统）、27.4V（24V 系统）和 54.8V（48V 系统）。

（8）温度补偿

控制器一般都具有温度补偿功能，以适应不同的环境工作温度，为蓄电池设置更为合理的充电电压。控制器的温度补偿系数应满足蓄电池的技术要求，其温度补偿值一般为 -20～-40mV/℃。

（9）工作环境温度

控制器的使用或工作环境温度范围随厂家的不同而不同，一般为 -20～50℃。

4.1.2　光伏控制器的工作方式

【任务说明】

光伏控制器按电路控制方式的不同可分为并联型、串联型、脉宽调制型、多路控制型、两阶段双电压控制型和最大功率跟踪型等。本节主要学习各类光伏控制器的工作原理及工作方式。

【任务实施】

1. 光伏控制器的基本工作原理

虽然光伏控制器的控制电路根据光伏发电系统的不同其复杂程度有所差异,但其基本工作原理是一样的,图4-2所示为光伏控制器基本电路图。该电路图由光伏电池组件、光伏控制器、蓄电池和负载组成。开关1和开关2分别为充电控制开关和放电控制开关。开关1闭合时,由光伏电池组件通过光伏控制器给蓄电池充电,当蓄电池出现过充电时,开关1能及时切断充电回路,使光伏电池组件停止向蓄电池供电,开关1还能按预先设定的保护模式自动恢复对蓄电池的充电。当开关2闭合时,由蓄电池给负载供电,当蓄电池出现过放电时,开关2能及时切断放电回路,蓄电池停止向负载供电,当蓄电池再次充电并达到预先设定的恢复供电点时,开关2又能自动恢复供电,开关1和开关2可以由各种开关元件构成,如各种晶体管、可控硅、固态继电器、功率开关器件等电子式开关和普通继电器等机械式开关。下面就按照电路控制方式的不同分别对各类常用光伏控制器的工作原理和工作方式进行介绍。

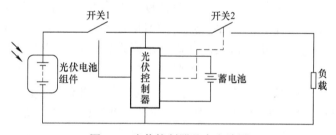

图4-2　光伏控制器基本电路图

2. 并联型控制器

并联型控制器也叫旁路型控制器,它利用并联在光伏电池两端的机械或电子开关器件控制充电过程。当蓄电池充满电时,把光伏电池的输出分流到旁路电阻器或功率模块上,然后以热能的形式消耗掉;当蓄电池电压回落到一定值时,再断开旁路恢复充电。由于这种方式消耗热能,所以一般用于小型、小功率光伏发电系统。

并联型控制器的电路原理如图4-3所示。并联型控制器电路中充电回路的开关器件 S_1 并联在光伏电池或电池组件的输出端,控制器检测控制电路监控蓄电池的端电压,当充电电压超过蓄电池设定的充满保护电压值时,开关器件 S_1 导通,同时防反充二极管 VD_1 截止,使光伏电池的输出电流直接通过 S_1 旁路泄放,不再对蓄电池进行充电,从而保证蓄电池不被过充,起到防止蓄电池过充电的保护作用。

开关器件 S_2 为蓄电池放电控制开关,当蓄电池的供电电压低于蓄电池的过放保护电压时,开关 S_2 关断,对蓄电池进行过放电保护。当负载因过载或短路使电流大于额定工作电

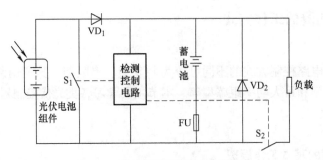

图 4-3　并联型控制器电路原理图

流时，开关 S_2 也会关断，起到输出过载或短路保护的作用。

检测控制电路随时对蓄电池的电压进行检测，当电压大于充满保护电压时，S_1 导通，电路实行过充电保护；当电压小于过放保护电压时，S_2 关断，电路实行过放电保护。

电路中的 VD_2 为蓄电池接反保护二极管，当蓄电池极性接反时，VD_2 导通，蓄电池将通过 VD_2 短路放电，短路电流将熔断器 BX 熔断，起到防蓄电池接反保护作用。

开关器件（S_1、S_2）、VD_1、VD_2 及熔断器 FU 器件共同组成控制器电路。该电路具有线路简单，价格便宜，充电回路损耗小，控制器效率高的特点。当防过充电保护电路动作时，开关器件 S_1 要承受光伏电池组件或方阵输出的最大电流，所以要选用功率较大的开关器件。

3. 串联型控制器

串联型控制器利用串联在充电回路中的机械或电子开关器件控制充电过程。当蓄电池充满电时，开关器件断开充电回路，停止为蓄电池充电；当蓄电池电压回落到一定值时，充电电路再次接通，继续为蓄电池充电。串联在回路中的开关器件还可以在夜间切断光伏电池供电，取代防反充二极管。串联型控制器同样具有结构简单、价格便宜等特点，但由于控制开关是串联在充电回路中，电路的电压损失较大，使充电效率有所降低。

串联型控制器的电路原理如图 4-4 所示。它的电路结构与并联型控制器的电路结构相似，区别仅仅是将开关器件 S_1 由并联在光伏电池或电池组件输出端改为串联在蓄电池充电回路中。控制器检测控制电路监控蓄电池的端电压，当充电电压超过蓄电池设定的充满保护电压值时，S_1 关断，使光伏电池不再对蓄电池进行充电，从而保证蓄电池不被过充电，起到防止蓄电池过充电的保护作用。其他元件的作用和并联型控制器相同，在此就不重复叙述了。

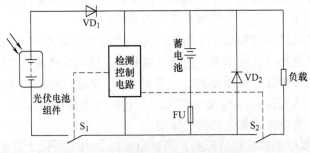

图 4-4　串联型控制器的电路原理图

串、并联控制器的检测控制电路实际上就是蓄电池过欠电压的检测控制电路，主要是对蓄电池的电压随时进行取样检测，并根据检测结果向过充电、过放电开关器件发出接通或关断的控制信号。检测控制电路原理如图4-5所示。该电路包括过电压检测控制和欠电压检测控制两部分电路，由带迟滞控制的运算放大器组成。其中IC$_1$（比较器）为过电压检测控制电路，IC$_1$的同相输入端输入基准电压，反相输入端接被测蓄电池，当蓄电池电压大于过充电电压值时，IC$_1$输出端G$_1$输出低电平，使开关器件S$_1$接通（并联型控制器）或关断（串联型控制器），起到过电压保护的作用。当蓄电池电压下降到小于过充电电压值时，IC$_1$的反相输入电位小于同相输入电位，则其输出端G$_1$又从低电平变为高电平，蓄电池恢复正常充电状态。过充电保护与恢复的门限基准电压由RP$_1$及其他电阻配合调整确定。IC$_2$（比较器）构成欠电压检测控制电路，其工作原理与过电压检测控制电路类似。

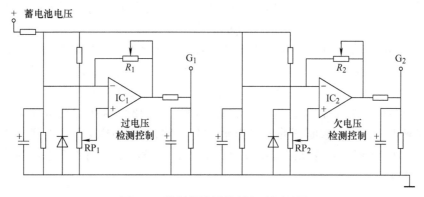

图4-5 控制器检测控制电路原理图

4. 脉宽调制型控制器

脉宽调制型（PWM）控制器电路原理图如图4-6所示。该控制器以脉冲方式打开和关断光伏电池组件的输入，当蓄电池逐渐趋向充满时，随着其端电压的逐渐升高，PWM控制器电路输出脉冲的频率和时间都发生变化，使开关器件的导通时间延长、间隔缩短，充电电流逐渐趋近于0。当蓄电池电压由充满点向下降时，充电电流又会逐渐增大。与前两种控制器电路相比，脉宽调制充电控制方式虽然没有固定的过充电电压断开点和恢复点，但是电路会控制当蓄电池端电压达到过充电控制点附近时，其充电电流要趋近于0。这种充电过程能形成较完整的充电状态，其平均充电电流的瞬时变化更符合蓄电池当前的充电状况，能够增加光伏发电系统的充电效率并延长蓄电池的总循环寿命。另外，脉宽调制型控制器还可以实现光伏发电系统的最大功率跟踪功能，因此可作为大功率控制器用于大型光伏发电系统中。脉宽调制型控制器的缺点是控制器的自身工作有4%～8%的功率损耗。

5. 多路控制器

多路控制器一般用于几千瓦以上的大功率光伏发电系统，将光伏电池方阵分成多个支路接入控制器。当蓄电池充满时，控制器将光伏电池方阵各支路逐路断开；当蓄电池电压回落到一定值时，控制器再将光伏电池方阵逐路接通，实现对蓄电池组充电电压和电流的调节。这种控制方式属于增量控制法，可以近似达到脉宽调制控制器的效果，路

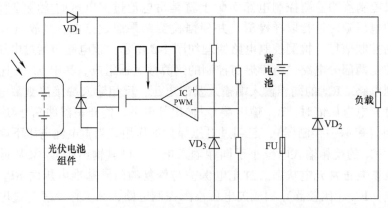

图 4-6　脉宽调制型（PWM）控制器电路原理图

数越多，增幅越小，越接近线性调节。但路数越多，成本也越高，因此确定光伏电池方阵路数时，要综合考虑控制效果和控制器的成本。

多路控制器的电路原理如图 4-7 所示。当蓄电池充满电时，控制电路将控制机械或电子开关从 S_1 至 S_n 顺序断开光伏电池方阵各支路 Z_1 至 Z_n。当第 1 路 Z_1 断开后，如果蓄电池电压已低于设定值，则控制电路等待；直到蓄电池电压再次上升到设定值后，再断开第 2 路；如果蓄电池电压不再上升到设定值，则其他支路保持接通充电状态。当蓄电池电压低于恢复点电压时，被断开的光伏电池方阵支路依次顺序接通，直到天黑之前全部接通。图中 VD_1 至 VD_n 是各支路的防反充二极管，A_1 和 A_2 分别是充电电流表和放电电流表，V 为蓄电池电压表。

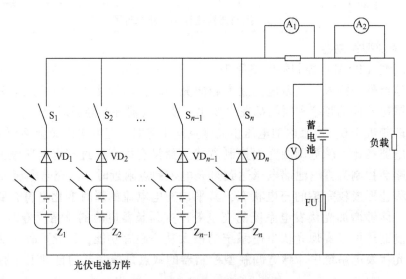

图 4-7　多路控制器的电路原理图

6. 智能型控制器

除上述按照电路控制方式划分的几类常用光伏控制器外，目前使用较为广泛的还有智能型控制器。

智能型控制器采用 CPU 或 MCU 等微处理器对光伏发电系统的运行参数进行高速实时

采集，并按照一定的控制规律由单片机内置程序对单路或多路光伏组件进行切断与接通的智能控制。大、中功率的智能控制器还可通过单片机的 RS232/485 接口进行计算机控制和数据传输，并进行远距离通信和控制。

智能型控制器除了具有过充电、过放电、短路、过载、防反接等保护功能外，还利用蓄电池放电率高准确性地进行放电控制。此外，智能型控制器还具有高精度的温度补偿功能。智能型控制器的电路原理如图 4-8 所示。

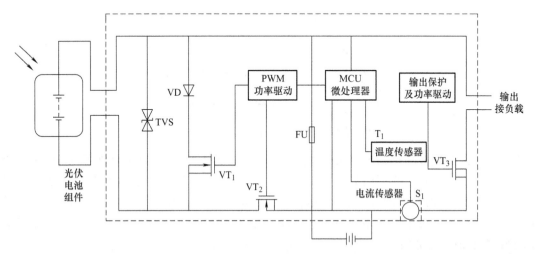

图 4-8　智能型控制器电路原理图

4.1.3　光伏电池最大功率点跟踪方法

【任务说明】

光伏电池组件（阵列）功率输出会受到当前环境的温度、太阳能辐照度等参数影响，为了保障光伏电池组件（阵列）在不同的外界环境变化下始终输出最大功率，需要光伏控制器不断调整光伏电池组件（阵列）的输出电压，这一技术就是最大功率点的跟踪。本节主要学习定电压跟踪法、功率反馈法、扰动观测法等最大功率点跟踪方法。

【任务实施】

图 4-9 为光伏电池阵列的输出功率特性 $P\text{-}U$ 曲线，由图 4-9 可知当光伏电池阵列的工作电压小于最大功率点电压 $U_{\max}$ 时，光伏电池阵列的输出功率随阵列端电压上升而增加；当阵列的工作电压大于最大功率点电压 $U_{\max}$ 时，阵列的输出功率随端电压上升而减小。MPPT（最大功率点跟踪）的实现实质上是一个自寻优过程，即通过控制端电压，使光伏电池阵列能在各种不同的日照和温度环境下智能化地输出最大功率。

光伏电池阵列的开路电压和短路电流在很大程度上受日照强度和温度的影响，系统工作点也会因此飘忽不定，这必然导致系统效率的降低。为此，光伏电池阵列必须实现最大功率点跟踪控制，以便阵列在任何日照下不断获得最大功率输出。

1. 定电压跟踪法

仔细观察图 4-9 的 $P\text{-}U$ 曲线，发现在一定的温度下，当日照强度较高时，曲线的最大功率点几乎都分布在一条垂直线的两侧（即最大功率点电压 $U_{\max1}$ 和 $U_{\max2}$ 接近相等），这

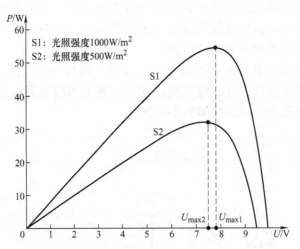

图 4-9　光伏电池阵列的输出功率特性 P-U 曲线

说明光伏阵列的最大功率输出点大致对应于某一恒定电压，这就大大简化了 MPPT 的控制设计，即人们仅需从生产厂商处获得数据 U_{max}，并使阵列的输出电压稳定处于 U_{max} 值即可，实际上是把 MPPT 控制简化为稳压控制，这就构成了定电压跟踪式的 MPPT 控制。采用定电压跟踪较不带定电压跟踪的直接耦合工作方式要有利得多，对于一般光伏系统有望获得多至 20% 的电能。

基于定电压跟踪法的跟踪器制造比较简单，而且控制比较简单，初期投入也比较少。但这种控制方式忽略了温度对开路电压的影响，以常规的单晶硅光伏电池为例，当环境温度每升高 1℃ 时，其开路电压下降 0.35% ~ 0.45%，具体的值可以用实验测得，也可以按照光伏电池的数字模型计算得到。以某一位于新疆的光伏电站为例，在环境温度为 25℃ 时，光伏阵列的开路电压为 363.6V，当环境温度为 60℃ 时，开路电压下降至 299V（太阳能辐射度相同情况下），其下降幅度达到 17.5%，电压变化波动较大。

定电压跟踪法的优点是：控制简单，易实现，可靠性高；系统不会出现振荡，有很好的稳定性；可以方便地通过硬件实现。其缺点是：控制精度差，特别是对于早晚和四季温度变化剧烈的地区；必须人工干预才能良好运行，更难预料风、沙等影响。为了克服以上缺点，可以在定电压跟踪的基础上采用一些改进的办法，例如手工调节方式，即根据实际温度的情况，手动调节设置不同情况下的最大功率点电压值 U_{max}，但此方法精度不高。

还可采用微处理器查询数据表格方式，即事先将不同温度下测得的 U_{max} 值存储于存储器（EPROM）中，实际运行时，微处理器通过光伏阵列上的温度传感器获取阵列温度，通过查表确定当前的 U_{max} 值。

定电压跟踪法由于其良好的可靠性和稳定性，目前在光伏系统中仍被较多地使用，特别是光伏水泵系统中。随着光伏发电系统控制技术的计算机及微处理器化，该方法逐渐会被新方法所替代。

2. 功率反馈法

功率反馈法的基本原理是通过采集光伏电池阵列的直流电压值和直流电流值，采用硬件或者软件计算出当前的输出功率，由当前的输出功率 P 和上次记忆的输出功率 P' 来控制调整输出电压值。控制原理框图如图 4-10 所示。

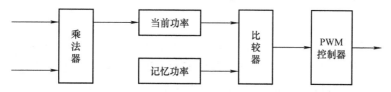

图 4-10　功率反馈法的控制原理框图

由图 4-10 可知，同一输出功率下，输出电压可能不唯一，因此控制器应设计为单值
控制模式，即仅以 $P\text{-}U$ 曲线右侧为控制范围，当输出功率变大时减小输出电压，当输出
功率变小时增大输出电压，最终在最大功率点附近振荡运行。这种方法实用方便，但可
靠性和稳定性均不佳，所以在实际系统中，较少采用此方法。

3. 扰动观测法

扰动观测法是目前实现 MPPT 最常用的方法之一。原理是先让光伏电池组件按照某一
电压值输出，测得它的输出功率，然后再在这个电压的基础上给一个电压扰动（增加电
压或减小电压），再测量输出功率，比较测得的两个功率值。如果功率值增加了，则继续
给相同方向的扰动；如果功率值减少了，则给反方向的扰动。

此法最大的优点在于其结构简单，被测参数少，能普遍地适用于光伏发电系统的最
大功率跟踪。但是，在系统已经跟踪到最大功率点附近时，扰动仍然没有停止，这样系
统在最大功率点附近振荡，会损失一部分功率，而且初始值和步长（扰动值）的选取对
跟踪的速度和精度都有较大的影响。

扰动观测法的缺点是在阵列最大功率点附近振荡，导致部分功率损失；初始值及跟
踪步长的给定对跟踪精度和速度有较大影响；有时程序在运行中会发生"误判"现象。

扰动观测法可能产生"误判"的原因分析如图 4-11 所示。

由于在一天中日照是时刻变化的，特
别是早晚和多云的天气，所以对于光伏电
池阵列来说，其 $P\text{-}U$ 曲线是不停变化的。
当光伏发电系统用扰动观测法进行 MPPT
时，假设系统已经工作在最大功率点附
近，如图 4-11 所示的 P_b 点，当前工作点
电压记为 U_a，阵列输出功率记为 P_a。当
电压扰动方向往右移至 U_b，如果日照没
有变化，阵列输出功率为 $P_b > P_a$，控制系
统工作正确。但如果日照强度下降，则对
应 U_b 的输出功率可能为 $P_c < P_a$，系统会
误判电压扰动方向，从而控制工作电压往
左移回 U_a 点。如果日照持续下降，则有可

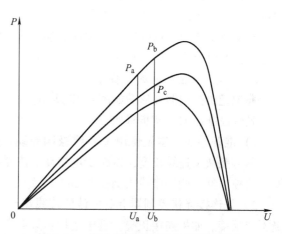

图 4-11　扰动观测法可能的误判示意图

能出现控制系统不断误判，使工作点电压在 U_a 和 U_b 之间来回移动振荡，而无法跟踪到阵列
的最大功率点。对于这种由于日照强度影响造成的系统误判，可以通过加大扰动频率和减小
扰动的步长来尽可能地消除。

4.1.4　典型光伏控制器的应用及选购

【任务说明】

在光伏发电系统中，典型离网光伏控制器可以适用于不同输入电压等级、多输入支路、不同功率输出的光伏发电系统。对于特定环境下的光伏发电系统需要从系统工作电压、输入数、额定功率等参数角度出发选择合适的光伏控制器。本节主要学习典型光伏控制器的选择和使用方法。

【案例实施】

1. 光伏控制器选配原则

光伏控制器的配置选型要根据整个系统的各项技术指标，并参考厂家提供的产品样本手册来确定。一般要考虑下列几项技术指标。

（1）系统工作电压

系统工作电压是指光伏发电系统中蓄电池组的工作电压，这个电压要根据直流负载的工作电压或交流逆变器的配置来确定，一般有 12V、24V、48V、110V 和 220V 等。

（2）光伏控制器的额定输入电流和输入路数

光伏控制器的额定输入电流取决于光伏电池组件（方阵）的输入电流，光伏控制器的额定输入电流应等于或大于光伏电池的输入电流。

光伏控制器的输入路数要多于或等于光伏电池方阵的设计输入路数。小功率控制器一般只有一路光伏电池方阵输入，大功率光伏控制器通常采用多路输入，每路输入的最大电流等于额定输入电流除以输入路数，因此，各路电池方阵的输出电流应小于或等于光伏控制器每路允许输入的最大电流值。

（3）光伏控制器的额定负载电流

光伏控制器的额定负载电流是光伏控制器输出到直流负载或逆变器的直流输出电流，该数据要满足负载或逆变器的输入要求。

除上述主要技术指标要满足设计要求以外，使用环境温度、海拔高度、防护等级和外形尺寸等参数以及生产厂家和品牌也是控制器配置选型时要考虑的因素。

2. 典型光伏控制器的安装

典型光伏控制器外形图如图 4-12 所示。

光伏控制器的安装步骤如下。

1）准备导线。建议使用多芯绝缘铜导线。先确定导线长度，在保证安装位置的情况下，尽可能减少连线长度，以减少电损耗。按照不大于 $4A/mm^2$ 的电流密度选择铜导线截面积，将控制器一侧的接线头剥去 5mm 的绝缘层。

2）先连接光伏控制器上蓄电池的接线端子，再将导线另一端连至蓄电池上，注意正负极不要反接。如果连接正确，蓄电池指示灯会亮，可通过按键来检查。如果指示灯不亮需检查连接是否正确。如发生反接，不会烧毁熔丝及损坏控制器任何部件。熔断器只作为控制器本身内部电路损坏短路的最终保护。

3）接着，连接控制器上光伏电池的接线端子，再将导线另一端连至光伏电池上，注意正负极不要反接，如果有阳光，充电指示灯会亮。否则，需检查连接是否正确。

4）将负载的连线接入控制器上的负载输出端，注意正负极不要反接，以免烧坏电器。

图 4-12　典型光伏控制器

3. 光伏控制器的使用

充电及超压指示：当系统连接正常，且有阳光照射到光伏电池板时，蓄电池状态指示灯为绿色常亮，表示系统充电电路正常；当充电指示灯出现绿色快速闪烁时，说明系统过电压。充电过程使用了 PWM 方式，如果发生过放动作，充电先要达到提升充电电压，并保持 10min，然后降到直充电压，保持 10min，以激活蓄电池，避免硫化结晶，最后降到浮充电压，并保持浮充电压。如果没有发生过放，将不会有提升充电方式，以防蓄电池失水。这些自动控制过程将使蓄电池达到最佳充电效果并延长其使用寿命。

蓄电池状态指示：蓄电池电压在正常范围时，蓄电池状态指示灯为绿色常亮；充满后状态指示灯为绿色慢闪；当电池电压降低到欠电压时状态指示灯变成橙黄色；当蓄电池电压继续降低到过放电压时，状态指示灯变为红色，此时控制器将自动关闭输出，提醒用户及时补充电能。当电池电压恢复到正常工作范围内时，将自动使能输出开通动作，状态指示灯变为绿色。

负载指示：当负载开通时，负载指示灯常亮。如果负载电流超过了控制器 1.25 倍的额定电流达 60s 时，或负载电流超过了控制器 1.5 倍的额定电流到 5s 时，故障指示灯为红色慢闪，表示过载，控制器将关闭输出。当负载或负载侧出现短路故障时，控制器将立即关闭输出，故障指示灯快闪。出现上述现象时，用户应当仔细检查负载连接情况，断开有故障的负载后，短按模式控制按键，30s 后恢复正常工作。

负载开关操作：光伏控制器上电后默认负载输出为关闭，在正常情况下，短按模式控制按键，负载输出即改变一次开关状态。当负载输出为开时，负载指示灯常亮；当负载为关闭时，负载指示灯常灭；当负载过载时，故障指示灯慢速闪烁；当负载发生短路时，故障指示灯快速闪烁，负载过载或短路控制器均会关闭输出。如复位过载、短路保护，短按模式控制按键，30s 后即恢复正常输出。30s 的恢复时间是为避免输出功率电子器件连续短时间内遭受超额大功率冲击而降低寿命或损坏。

过放强制返回控制：发生过放后，蓄电池电压上升到过放截止恢复电压 13.1V（12V 系统）时，负载自动恢复供电。但在发生过放后，蓄电池电压上升到过放截止恢复电压 12.5V（12V 系统）以上时，若此时按按键开关，即可强行恢复负载供电，以保应急使用，注意此操作只有电压超过 12.5V（12V 系统）时才能起作用。

4. 常见故障现象及处理方法

在典型光伏控制器使用过程中，如出现表 4-1 所列出的现象，可参照对应的解决方法。

表 4-1　光伏控制器故障维护

现　象	解 决 方 法
当有阳光直射光电池组件时，绿色充电指示灯不亮	检查光伏电池电源两端接线是否正确，接触是否可靠
状态指示灯快闪	系统电压超压。蓄电池开路，检查蓄电池连接是否可靠或充电电路是否损坏
负载指示灯亮，但无输出	检查用电设备连接是否正确、可靠
故障指示灯快闪，且无输出	输出有短路，检查输出线路，移除所有负载后，按一下模式控制按键，30s 后控制器恢复正常输出
故障指示灯慢闪，且无输出	负载功率超过额定功率，应减少用电设备，按一下模式控制按键，30s 后控制器恢复输出
状态指示灯为红色，且无输出	蓄电池过放，充足电后自动恢复使用

表 4-2 为某型号典型光伏控制器的技术指标。

表 4-2　某型号典型光伏控制器的技术指标

型　号	SDCC-5	SDCC-10	SDCC-15
额定充电电流/A	5	10	15
额定负载电流/A	5	10	15
系统电压/V	12、24		
过载、短路保护	1.25 倍额定电流 60s，1.5 倍额定电流 5s 时过载保护动作，≥3 倍额定电流时短路保护动作		
空载损耗/mA	≤6		
充电回路压降/V	不大于 0.26		
放电回路压降/V	不大于 0.15		
超压保护	17V(12V)，34V(24V)		
工作温度	工业级（后缀Ⅰ）：-35～55℃；商用级：-5～50℃		
提升充电电压	14.6V(12V)，29.2V(24V)；（维持时间：10min）（只有出现过放时调用）		
直充充电电压	14.4V(12V)，28.8V(24V)；（维持时间：10min）		
浮充	13.6V(12V)，27.2V(24V)；（维持时间：直至充电返回电压动作）		
充电返回电压	13.2V(12V)，26.4V(24V)		
温度补偿	-5mV/℃/2V（提升、直充、浮充、充电返回电压补偿）		
欠电压电压	12V(12V)，24V(24V)		
过放电压	11.1V(12V) 放电率补偿修正的初始过放电压（空载电压）；22.2V(24V)		
过放返回电压	13.1V(12V)，26.2V(24V)		
过放可强制返回电压	12.5V(12V)，25V(24V)（按键强制返回）		
控制方式	充电为 PWM 脉宽调制，控制点电压为不同放电率智能补偿修正		

4.2 铅酸蓄电池充放电电路分析

【任务说明】

铅酸蓄电池充放电特性是指在特定条件下，蓄电池两端电压和充放电时间的关系，了解充放电特性是对蓄电池控制的基础。本节主要学习铅酸蓄电池放电特性、充电特性以及充电控制技术。

【任务实施】

1. 铅酸蓄电池放电特性

铅酸蓄电池的放电特性就是指蓄电池的在恒定电流放电状态下的电解液相对密度 ρ、蓄电池端电压 U_f 随放电时间变化的规律。图 4-13 是某型号铅酸蓄电池以恒定电流 5A 进行放电时测得的规律曲线。电解液相对密度是随放电时间的增大按直线规律减小的，因为在恒定电流放电中，单位时间的硫酸消耗量是一个定值。铅酸蓄电池的放电程度和电解液相对密度成正比。电解液相对密度每下降 0.04，蓄电池放掉约 25% 额定容量 $Q(\text{Ah})$ 的电量。

放电过程中，蓄电池端电压的变化规律由 3 个阶段组成。

第 1 阶段（OA 段）：端电压由 2.11V 迅速下降到 2.0V 左右。这是因为放电前活性物质孔隙内部的硫酸迅速变为水，而极板外部的硫酸还来不及向极板孔隙内渗透，极板内部电解液相对密度迅速下降，两端电压也迅速下降。

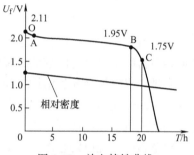

图 4-13　放电特性曲线

第 2 阶段（AB 段）：端电压由 2.0V 下降到 1.95V，基本呈直线缓慢下降。该阶段单位时间极板孔隙内部消耗的硫酸量与向极板孔隙内部渗透补充的硫酸量相等，处于一种动平衡状态。

第 3 阶段（BC 段）：端电压迅速由 1.95V 下降到 1.75V。其原因是：极板表面已形成大量硫酸铅（其体积是海绵状铅的 2.68 倍，是二氧化铅的 1.86 倍），堵塞了孔隙，渗透能力下降；同时单位时间的渗透量小于极板内硫酸的消耗量，极板内电解液相对密度下降，此时应停止放电，如果继续放电，端电压在短时间内将急剧下降到 0，致使蓄电池过度放电，导致蓄电池产生硫化故障，缩短其使用寿命。

蓄电池电压到终止电压时，应及时停止放电，待极板孔隙中的电解液与整个容量中的电解液相互渗透，趋于平衡，蓄电池的端电压会有所回升。铅酸蓄电池放电终止特征是：单格电池电压下降到放电终止电压（以 20h 率放电时，终止电压为 1.75V）；电解液相对密度下降到最小值。放电终止电压与放电电流大小有关，放电电流越大，连续放电的时间越短，允许的放电终止电压也越低，见表 4-3。

表 4-3　铅酸蓄电池的放电率与终止电压的关系

放电情况	放电率	20h	10h	3h	30min
	放电电流大小/A	0.05Q	0.10Q	0.25Q	1Q
	单格电池终止电压/V	1.75	1.70	1.65	1.55

注：Q 为蓄电池额定容量。

2. 铅酸蓄电池充电特性

铅酸蓄电池的充电特性是指蓄电池在恒定电流充电状态下，电解液相对密度 ρ（15℃时）、蓄电池端电压 U_C 随充电时间的变化规律。图 4-14 是某型号铅酸蓄电池以 5A 进行恒流充电时测得的规律曲线。充电过程中，电解液相对密度基本以直线逐渐上升。这是因为采用恒流充电，单位时间向蓄电池输入的电量相等，单位时间内电解液中的水变为硫酸的量也基本相等。

充电过程中，铅酸蓄电池端电压的变化规律由 4 个阶段组成。

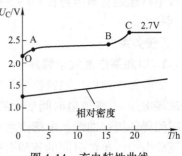

图 4-14　充电特性曲线

第 1 阶段（OA 段）：充电开始，端电压上升较快。这是由于极板活性物质孔隙内部的水迅速变为硫酸，孔隙外部的水还未来得及渗透补充，极板内部电解液相对密度迅速上升所致。

第 2 阶段（AB 段）：端电压上升较平稳，至单格电压 2.4V。该阶段，每单位时间内极板内部消耗的水与外部渗入的水基本相等，处于动态平衡状态。

第 3 阶段（BC 段）：端电压由 2.4V 迅速上升至 2.7V。该阶段电解液中的水开始电解，正极板表面逸出氧气，负极板处逸出氢气，电解液中冒出气泡，出现所谓的电解液"沸腾"现象。

第 4 阶段（C 点以后）：该阶段为过充电阶段，端电压不再上升。为了观察端电压和电解液相对密度不再上升的现象，保证蓄电池充分充电，一般需要过充电 2～3h。由于过充电时剧烈地放出气泡会导致活性物质脱落，造成蓄电池容量降低，使用寿命缩短，因此应尽量避免长时间过充电。过充电时，蓄电池逸出的氢气与氧气混合，混合气体具有易燃、易爆特点，因此充电的蓄电池附近应避免明火出现。

铅酸蓄电池充电终止的特征如下。

1）端电压和电解液相对密度上升到最大值，且 2～3h 内不再上升。

2）电解液中产生大量气泡，呈现"沸腾"状态。

3. 蓄电池的充放电控制技术

（1）充电过程阶段的划分

在实际光伏发电系统的蓄电池中，为了实现设定的充电模式，须对充电过程进行控制，运用正确的充电控制方法，有利于提高蓄电池的充电效率和使用寿命。充电过程一般分为主充、均充和浮充 3 个阶段。充电末期主要是以恒定小电流长时间充电的涓流充电电流为主（充电倍率小于 0.1C 时，称为涓流充电）。

主充模式一般是快速充电，如二阶段充电、变流间歇式充电和脉冲式充电都是现阶段常见的主充模式。慢充模式主要是低充电电流的恒流充电模式。

均充模式是指均衡蓄电池特性的充电，在蓄电池的使用过程中，因为蓄电池的个体差异、温度差异等原因造成蓄电池端电压不平稳，为了避免这种不平衡趋势的恶化，需要提高蓄电池组的充电电压，对电池进行活化充电。

为了保护蓄电池不过充，在蓄电池快速充电至 80%～90% 额定容量后，一般采用浮充模式（即恒压充电），以适应充电后期蓄电池可接受充电电流的减小。当浮充电压值与蓄电池端电压相等时便会自动停止，为了防止可能出现的蓄电池充电不足，在此之后可以加上涓流充电，使已基本充足电的蓄电池极板内部较多的活性物质参加化学反应，使得充电比较彻底。

（2）充电程度判断

对蓄电池进行充电时，必须随时判断蓄电池的充电程度，以便控制充电电流大小。目前充电程度的判断方法主要有如下两种。

1）蓄电池实际容量的检测。通过检测实际容量值与额定容量值进行比较，从而判定蓄电池的充电程度。

2）检测蓄电池端电压。当蓄电池端电压与其额定电压相差比较大时，说明处于充电初期；当两者相差很小时，说明充电过程即将完成。

（3）充电各阶段的自动转换

1）时间控制，即预先设定各阶段的充电时间，由时间继电器或 CPU 来控制转换时刻。

2）设定轮换点的充电电流或蓄电池端电压值，当实际电流或电压值达到设定值时，立刻自动转换。

3）采用积分电路在线检测蓄电池的容量，当容量达到一定数值时，则发信号改变充电电流的大小。

以上 3 种转换方法，各有优点和缺点。时间控制比较简单，但缺乏来自蓄电池的实时信息，控制比较粗略；容量监控方法控制电路比较复杂，但是控制精度明显提高。

（4）停充控制

当蓄电池充满时，须适时地切断充电电源，否则将造成蓄电池的过充，出现失水和升温等现象，严重危及蓄电池的使用寿命。停充控制方法主要有如下 3 种。

1）时间控制。

采用恒流充电时，蓄电池所需要的充电时间可根据蓄电池容量和充电电流的大小来确定，因此只需要预先设定好充电时间，时间一到，定时器立刻发出信号停充或者降为浮充电。这种方法简单，但充电时间不能根据蓄电池充电前的状态自动调整，所以可能会出现欠充或过充的现象。

2）温度控制。

正常充电时，蓄电池的温度变化并不明显，但当蓄电池过充时，其内部气体压力将明显增大，负极板上的氧化反应使内部发热，温度迅速上升。所以检测蓄电池的温度变化，可以判断蓄电池是否已经充满。

3）电压控制。

蓄电池充满电后，其端电压呈下降趋势，据此将蓄电池电压出现负增长的时刻作为停充时刻。与温度控制法相比，这种方法响应速度快，此外，电压的负增长量与电压的绝对值无关，因此这种停充控制方法可适应于具有不同单格蓄电池数的蓄电池组，缺点是一般的检测器灵敏度和可靠性不高，影响控制精度。

4.3 直流汇流箱配置

【任务说明】

直流汇流箱又称直流接线箱，是实现光伏电池组件（阵列）有序连接和汇流功能的一种接线装置，且能够实时采集各组件（阵列）支路的电压与电流，有利于光伏电站建设、维护与检修。本节主要学习直流汇流箱的内部结构和设备选配方法。

【任务实施】

1. 直流汇流箱内部结构

每个逆变器都连接有若干个光伏组件串，这些光伏组件串通过直流汇流箱和直流配电柜连接到逆变器。直流汇流箱如图 4-15 所示。

图 4-15　直流汇流箱

小型光伏发电系统一般不用直流汇流箱，光伏电池组件的输出线就直接接到了控制器的输入端子上。直流汇流箱主要是在大、中型光伏发电系统中，用于把光伏电池组件方阵的多路输出电缆集中输入、分组连接，不仅使连线井然有序，而且便于分组检查、维护，当光伏电池方阵局部发生故障时，可以局部分离检修，不影响整体发电系统的连续工作。

图 4-16 所示是单路输入直流汇流箱内部电路图，图 4-17 所示是多路输入直流汇流箱内部电路图，它们由分路开关、主开关、避雷防雷器件、接线端子等组成，同时多路输入直流汇流箱还具有电流检测模块，用于检测每路输入电流情况，便于判断每路光伏阵列是否正常工作。

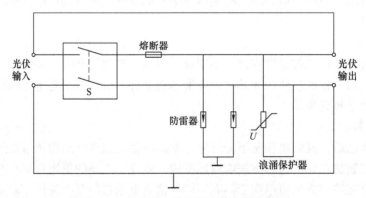

图 4-16　单路输入直流汇流箱内部电路图

直流汇流箱一般由逆变器生产厂家或专业厂家生产并提供成型产品。选用时主要考虑根据光伏方阵的输出路数、最大工作电流和最大输出功率等参数进行选择。当没有成型产品提供或成品不符合系统要求时，就要根据实际需要自己设计制作了。

2. 直流汇流箱相关的技术指标

1）直流汇流箱安装时，须满足室外安装的使用要求，防护等级要达到 IP65，表 4-4 为防护等级要求说明。

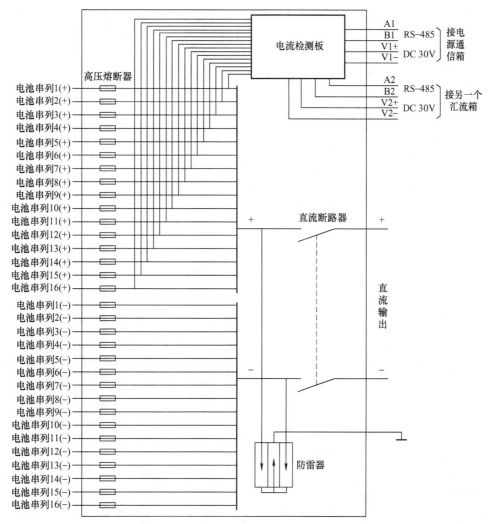

图 4-17 多路输入直流汇流箱内部电路图

表 4-4 IP 防护等级标准/GB 4208—2008

第 1 个标记数字：接触保护和外来物保护等级			第 2 个标记数字：防水保护等级		
	防 护 范 围			防 护 范 围	
	名　　称	说　　明		名　　称	说　　明
0	无防护	—	0	无防护	—
1	防护 50mm 直径和更大的外来物体	探测器，球体直径为 50mm，不应完全进入	1	防止垂直方向滴水	垂直方向滴水应无有害影响

	防护范围			防护范围	
	名　称	说　明		名　称	说　明
2	防护 12.5mm 直径和更大的外来物体	探测器，球体直径为 12.5mm，不应完全进入	2	箱体倾斜 15°时，垂直方向滴水	箱体向任何一侧倾斜至 15°时，垂直落下的水滴不应引起损害
3	防护 2.5mm 直径和更大的外来物体	探测器，球体直径为 2.5mm，不应完全进入	3	防淋水	各垂直面在 60°范围内淋水，无有害影响
4	防护 1.0mm 直径和更大的外来物体	探测器，球体直径为 1.0mm，不应完全进入	4	防溅水	向外壳各方向溅水无有害影响
5	防护灰尘	不可能完全阻止灰尘进入，但是灰尘的进入量不应超过对装置或安全造成损害	5	防护喷水	向外壳各方向喷水无有害影响
6	灰尘封闭	箱体内在 20mPa 的低压时不应侵入灰尘	6	防强烈喷水	从每方向对准箱体的强喷水无有害影响
			7	防护短时间浸入水中	箱体在标准压力下短时间浸入水中时，不应有能引起有害作用的水量浸入
			8	防护长期浸入水中	箱体必须在由制造厂和用户协商好的条件下长期浸入水中，不应有能引起有害作用的水量浸入。但这些条件必须比标记数字 7 所规定的复杂

2）可同时接入 6 路以上的光伏电池串列。

3）每路电流最大可达 10A，接入最大光伏电池串列的支路电压值可达 DC 900V，熔断器的耐压值不小于 DC 1000V。

4）每路光伏组串具有二极管防反保护功能，配有光伏专用避雷器，正负极都具备防雷功能，采用正负极分别串联的四极断路器以提高直流耐压值，可承受的直流电压值不小于 DC 1000V。

5）直流汇流箱还装设有浪涌保护器，具有防雷功能。

表 4-5 为某直流汇流箱的技术指标。

表 4-5　某直流汇流箱的技术参数

内　容	参　数
最大光伏阵列电压/V	DC 1000
最大光伏阵列并联输入路数	16
每路熔断器/A 额定电流（可更换）	10/12/16
输出端子大小	PG21
防护等级	IP65
环境温度/℃	−25 ~60
环境湿度	0 ~99%

内　容	参　数
宽/mm × 高/mm × 深/mm	$600 \times 500 \times 180$
重量/kg	27
直流总输出空开	是
光伏专用防雷模块	是
串列电流监测	是
防雷器失效监测	是
通信接口	RS-485

4.4 直流防雷配电柜选配

【任务说明】

直流防雷配电柜主要实现各汇流箱输出电能的汇流和控制功能。各路直流输入通过直流防雷配电柜的正极母排和负极母排集中汇流，然后通过直流专用断路器输出到直流输出端，再接至并网逆变器。本节主要学习直流防雷配电柜的工作原理及选配方法。

【任务实施】

1. 直流防雷配电柜的工作原理

直流防雷配电柜主要由直流输入断路器、防反二极管、光伏防雷器组成，操作方便且维护简单，如图 4-18 所示。

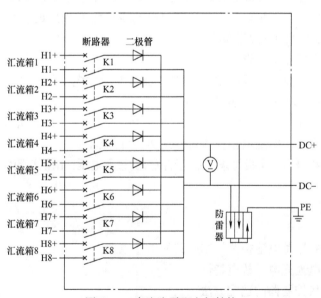

图 4-18　直流防雷配电柜结构

图 4-19 是 GD-40A20Q6-648V 型直流防雷配电柜的控制面板。其中，直流专用电压仪表显示直流母线的直流电压值；直流专用电流仪表显示直流母线的直流电流值；直流专用断路器用于闭合或断开直流母线电压，方便用户操作。该直流防雷配电柜配有光伏专用高压防雷器，正负极均具备防雷功能。

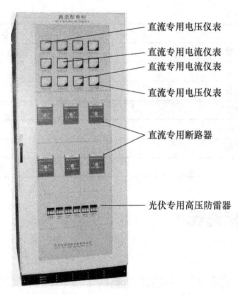

直流专用电压仪表
直流专用电流仪表
直流专用电流仪表
直流专用电压仪表

直流专用断路器

光伏专用高压防雷器

图 4-19　GD-40A20Q6-648 V 型直流防雷配电柜的控制面板

　　将直流汇流箱的直流输出分别接到对应直流防雷配电柜的直流输入端，确定接线牢固稳定，然后将直流防雷配电柜的直流输出分别接到对应的光伏并网电源的直流输入端，并确定接线牢固稳定，最后闭合直流防雷配电柜上的直流专用断路器，光伏并网电源将会有源源不断的光伏直流电力。当光伏并网电源并上网时，直流防雷配电柜上的直流电压表和直流电流表将有相应的变化（直流电压将会微微下降，直流电流表将会有电流数据）。当光伏并网电源脱网时，直流配电柜上的直流电压表和直流电流表也将有相应的变化（直流电压将会微微上升，直流电流表将会无电流数据）。

2. 直流防雷配电柜参数与选配

　　1）每路最大输入电流。是指每条支路允许流过的最大电流值，由直流汇流箱输出的最大电流决定。例如最大输入电流/路为 40A。

　　2）输入路数。是指直流防雷配电柜的总输入数，要与输入汇流箱数量相对应。例如输入路数为 20，是指直流防雷配电柜输入可连接 20 个汇流箱。

　　3）最大阵列开路电压。是指每条支路允许流过的最大电压，由汇流箱输出的最大电压决定。

4.5　本章练习

1. 分析光伏控制器蓄电池检测控制电路的工作原理。
2. 简述铅酸蓄电池充电、放电特性。
3. 分析典型光伏控制器的选配方法。
4. 简述定电压跟踪法、功率反馈法、扰动观测法等最大功率点跟踪方法的原理。
5. 简述直流汇流箱的结构和选配方法。
6. 简述直流防雷配电柜的结构和选配方法。

项目5　光伏交流控制设备

【项目描述】

光伏交流控制设备主要包括离网逆变器、并网逆变器、交流配电柜、升压变压器等设备。离网和并网逆变器主要实现直流电到交流电的转换，交流配电柜用来接收和分配交流电能，升压变压器主要实现交流低电压到高电压的转换。本项目主要学习光伏逆变器、交流配电柜、升压变压器、光伏电缆、接地防雷系统等装置的选配。

【知识目标】

1. 掌握离网逆变器的工作原理及系统结构，掌握典型离网逆变器的使用方法。
2. 掌握光伏并网逆变器的分类、功能指标和选配方法。
3. 掌握交流配电柜的系统结构和选配方法。
4. 掌握升压变压器的分类、工作原理及选配方法。
5. 掌握光伏电站线缆种类及选配方法。
6. 了解雷电对光伏发电系统的危害性；掌握光伏系统雷电防范措施。
7. 掌握光伏发电系统接地系统组成及实施方法；掌握光伏系统浪涌过电压保护方法及设备选配。

5.1　离网逆变器

5.1.1　离网逆变器工作原理及认知

【任务说明】

离网逆变器主要实现直流电到交流电的转换，为交流负载提供电能。从离网逆变器输出波形来看，可以分为方波逆变器、阶梯波逆变器和正弦波逆变器。本节主要学习离网逆变器的工作原理和工作特性。

【任务实施】

1. 逆变器分类

逆变器的工作原理是通过功率开关管的开通和关断作用，把直流电转换成交流电。单相逆变器的基本电路有推挽式、半桥式和全桥式3种，虽然电路结构不同，但工作原理类似。电路中都使用具有开关特性的功率器件，由控制电路周期性地对功率器件发出开关脉冲控制信号，控制各功率器件轮流导通和关断，再经过变压器耦合升压或降压后，整形滤波输出符合要求的交流电能。逆变器分类见表5-1。

表5-1　逆变器分类

分类方式	名　　称
输出电压波形	方波逆变器、正弦波逆变器、阶梯波（准正弦波）逆变器
输出电能去向	有源逆变器、无源逆变器

分类方式	名　　称
输出交流电的相数	单相逆变器、三相逆变器、多相逆变器
输出交流电的频率	工频逆变器、中频逆变器、高频逆变器
主回路拓扑结构	推挽逆变器、半桥逆变器、全桥逆变器
线路原理	自激振荡型逆变器、脉宽调制型逆变器、谐振型逆变器
输入直流电源性质	电压源型逆变器、电流源型逆变器

2. 单相推挽逆变器电路原理

单相推挽逆变器电路如图 5-1 所示，该电路由两只共负极功率开关管 VT_1、VT_2，2 只二极管 VD_1、VD_2 和一个带有中心抽头的升压变压器组成。若输出端接阻性负载时，当 $t_1 \leqslant t \leqslant t_2$ 时，VT_1 加上栅极驱动信号 U_1，VT_1 导通，VT_2 截止，变压器输出端输出正电压；在 t_2 时刻，VT_1 关断，由于变压器一次绕组电流不能突变，要维持原电流不变，因而导致一次绕组的电压极性与 VT_1 导通时相反，一次绕组的电流通过二极管 VD_2 向直流电源反馈。当 $t_3 \leqslant t \leqslant t_4$ 时，VT_2 加上栅极驱动信号 U_2 时，VT_2 导通，VT_1 截止，变压器输出端输出负电压。在 t_4 时刻，VT_2 关断，同理，一次绕组的电流通过二极管 VD_1 向直流电源反馈。因此变压输出电压 U_0 为交流方波，如图 5-2 所示；若输出端接感性负载，则变压器内的电流波形连续，输出的电压、电流波形如图 5-3 所示。

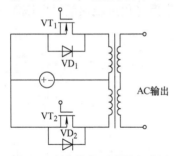

图 5-1　单相推挽逆变器电路图

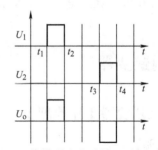

图 5-2　推挽逆变电路输入/输出电压

3. 单相半桥式逆变电路原理

单相半桥式逆变电路如图 5-4 所示，该电路由两只功率开关管、两只储能电容器等组成。当功率开关管 VT_1 导通时，电容 C_1 上的能量通过变压器释放到负载 R_L 上；当 VT_2 导通时，电容 C_2 的能量通过变压器释放到负载 R_L 上；VT_1、VT_2 轮流导通时，在负载两端获得了交流电源。

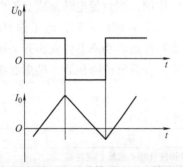

图 5-3　推挽逆变电路输出电压、输出电流

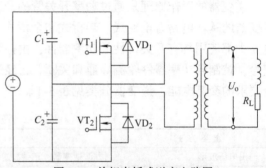

图 5-4　单相半桥式逆变电路图

4. 全桥式逆变电路

全桥式逆变电路如图 5-5 所示。该电路由两个半桥电路组成，功率开关管 VT_1 和 VT_2 互补，VT_3 和 VT_4 互补。当 VT_1 与 VT_3 同时导通时，负载电压（AC 输出电压）$U_0 = U_d$（U_d 为直流输入电压）；当 VT_2 与 VT_4 同时导通时，负载电压（AC 输出电压）$U_0 = -U_d$；VT_1、VT_3 和 VT_2、VT_4 轮流导通，负载两端得到交流电。若负载具有一定电感，即负载电流落后于电压角度，在 VT_1、VT_3 加上驱动信号，由于电流的滞后，此时 VT_1、VT_3 仍处于导通续流阶段。当经过 ϕ 电角度时，电流仍过零，电源向负载输送有功功率。同样当 VT_2、VT_4 加上栅极驱动信号时，VT_2、VT_4 仍处于续流状态，此时能量从负载馈送回直流侧，先经过 ϕ 角度后，VT_2、VT_4 才真正流过电流。综上所述，VT_1、VT_3 和 VT_2、VT_4 分别工作半个周期，其输出电压波形为 180° 的方波，如图 5-6 所示。

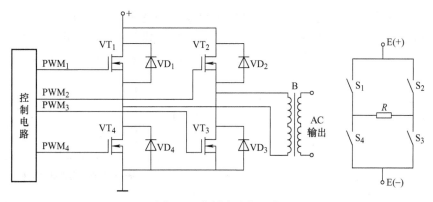

图 5-5　全桥式逆变电路

5. 逆变结构

上述几种电路都是逆变器的基本电路，在实际应用中，除了小功率光伏逆变器主电路采用这种单级的（DC-AC）转换电路外，大、中功率逆变器主电路都采用两级（DC-DC-AC）或三级（DC-AC-DC-AC）的电路结构形式。一般来说，中、小功率光伏发电系统的光伏电池组件或方阵输出的直流电压都不太高，而且功率开关管的额定耐压值也都比较低，因此逆变电压也比较低，要得到 220V 或者 380V 的交流电，

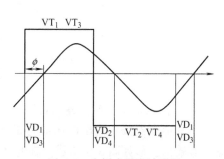

图 5-6　全桥式逆变波形图

无论是推挽式还是全桥式逆变电路，其输出都必须加工频升压变压器。随着电力电子技术的发展，新型光伏逆变器电路都采用高频开关技术和软开关技术实现大功率密度的多级逆变。这种逆变电路的前级升压电路采用推挽逆变电路结构，但工作频率都在 20kHz 以上，升压变压器采用高频磁性材料做铁心，因而体积小、重量轻。

低电压直流电经过高频逆变后变成了高频高压交流电，又经过高频整流滤波电路后得到电压较高直流电（一般均在 300V 以上），再通过工频逆变电路实现逆变得到 220V 或者 380V 的交流电，整个系统的逆变效率可达到 90% 以上，目前大多数正弦波光伏逆变器都是采用这种三级的电路结构，如图 5-7 所示。其具体工作过程是：首先将光伏电池方阵输出的直流电（如 24V、48V、110V、220V 等）通过高频逆变电路逆变为波形为方波的交流电，逆变频率一般在几千赫兹到几万赫兹，再通过高频升压变压器整流滤波后变为高压直流电，然后经过第三级 DC-AC 逆变为所需要的 220V 或 380V 工频交流电。

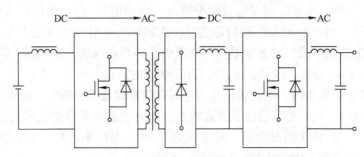

图 5-7　逆变器的三级电路结构原理示意图

图 5-8 是逆变器将直流电转换成交流电的转换过程示意图。半导体功率开关器件在控制电路的作用下以 1/100s 的速度开关，将直流切断，并将其中一半的波形反向而得到矩形的交流波形，然后通过整形电路使矩形的交流波形变得平滑，得到正弦交流波形。

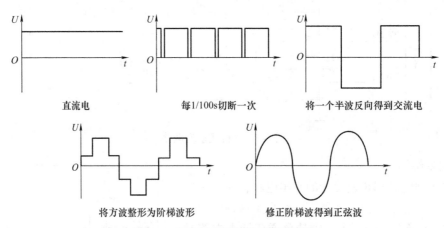

图 5-8　逆变器波形转换过程示意图

6. 不同波形单相逆变器的优缺点

单相逆变器按照输出电压波形的不同，分为方波逆变器、阶梯波逆变器和正弦波逆变器，其输出波形如图 5-9 所示。在光伏发电系统中，方波和阶梯波逆变器一般都用在小功率场合。下面就分别对这 3 种不同输出波形逆变器的优缺点进行介绍。

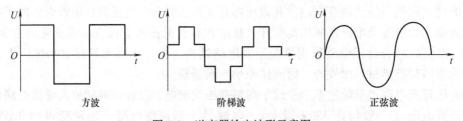

图 5-9　逆变器输出波形示意图

（1）方波逆变器

方波逆变器输出的波形是方波，也叫矩形波。尽管方波逆变器所使用的电路不尽相同，但共同的优点是线路简单（使用的功率开关管数量最少）、价格便宜、维修方便。其设计功率一般在数百瓦到几千瓦之间。缺点是调压范围窄、噪声较大，方波电压中含有大量高次谐波，带动感性负载如电动机等用电设备时将产生附加损耗，因此效率低，电磁干扰大。方波逆变器不能应用于并网发电的场合。

（2）阶梯波逆变器

阶梯波逆变器也叫修正波逆变器，阶梯波比方波波形有明显改善，波形类似于正弦波，波形中的高次谐波含量少，故可以带动包括感性负载在内的各种负载。用无变压器输出时，整机效率高。缺点是线路较为复杂。为把方波修正成阶梯波，需要多个不同的复杂电路，产生多种波形叠加修正而成，这些电路使用的功率开关管也较多，电磁干扰严重。阶梯波形逆变器不能应用于并网发电的场合。

（3）正弦波逆变器

正弦波逆变器输出的波形与交流市电的波形相同。这种逆变器的优点是输出波形好、失真度低、干扰小、噪声低、保护功能齐全、整机性能好、技术含量高。缺点是线路复杂、维修困难、价格较贵。

7. 逆变器命名方式

正弦波系列逆变器型号命名由 5 部分组成：正弦波系列逆变器代号、输入直流额定电压、输出容量额定值、区分代号、安装使用方式。第 1 部分用字母 SN 表示正弦波系列逆变器；第 2 部分用数字表示输入直流额定电压（单位为 V）；第 3 部分用数字表示输出容量额定值（单位为 VA）；第 4 部分用数字或字母表示区分代号、安装使用方式，具体表示方法见表5-2。

表5-2　逆变器区分代号

字　母	含　义
省略	表示单相输出
C	表示单相输出带市电旁路
3	表示三相输出
3C	表示三相输出带市电旁路
S	表示单相输出，光伏、风力发电专用
3S	表示三相输出，光伏、风力发电专用
CS	表示单相输出带市电旁路（功率大于 10kW 为接触器切换），光伏、风力发电专用

例：型号为 SN22010K3CS 的光伏专用正弦波逆变器，其型号中各部分意义如下。

5.1.2　离网逆变器技术要求及选配

【任务说明】

在离网光伏发电系统中，除了组件容量、蓄电池容量、光伏控制器选配以外，还需要对离网逆变器进行选配。离网逆变器选配时，需考虑逆变器功率、额定输出电压、额定输出功率、过载能力等参数。本节主要学习离网逆变器选配方法和逆变器的技术参数指标。

【任务实施】

1. 逆变器选配方法

离网逆变器选型时，一般根据系统设计确定的直流电压来选择逆变器的直流输入电压，根据负载的总功率和类型确定逆变器的容量和相数，再考虑负载的瞬时冲击决定逆变器的功率裕量。通常逆变器的持续功率要大于负载的功率，逆变器的最大冲击功率要大于负载的起动功率。此外，在逆变器选型时，还要考虑为光伏发电系统扩容留有一定余地。

离网光伏发电系统中，如需为交流负载供电，则必须配备逆变器；如负载仅为直流负载，则无须配备逆变器；如直流负载的电压与蓄电池组电压不一致，则需配备直流变换器。

凡需将直流电转换成交流电时，都要配备逆变器，因此逆变器本身用途十分广泛。然而离网光伏发电系统中带动交流负载的逆变器有如下一些特定要求：

1）运行范围内（既包括满负载，也包括轻负载）逆变效率要高。

2）运行安全、可靠。

3）可适应光伏发电系统蓄电池直流电压较宽的变化。

4）耐瞬时大电流冲击，可长时间连续逆变使用。

5）带感性负载的逆变器，要求交流输出的高次谐波分量小。

6）性价比较好等。

逆变器是离网光伏系统最后一级装置，也是系统中投资占比较高的关键配套装置，其性能的好坏直接影响系统的投资高低、使用性能和可靠性。因此，针对不同的应用系统，选配合适的逆变器也是设计使用者的一项重要工作。

2. 逆变器技术参数

对离网光伏发电系统，一般需选用无源正弦波逆变器。所选配的逆变器，其主要技术参数如下。

（1）逆变器效率

逆变器效率表示其自身功率损耗大小。通常，逆变器效率可按以下标准要求。

● 容量为 100～1000kW 的逆变器，效率应在 96% 以上。

● 容量为 10～100kW 的逆变器，效率应在 90% 以上。

● 容量为 1～10kW 的逆变器，效率应在 85% 以上。

● 容量为 0.1～1kW 的逆变器，效率应在 80% 以上。

需要说明的是，这里的"效率"是指逆变器在全负载情况下所达到的效率，品质好的逆变器在轻负载情况下效率也较高。

（2）额定输出电压

光伏逆变器在规定输入直流电压允许的波动范围内，应能输出恒定电压值。对中、小型离网光伏电站，一般输电半径小于 2km，选用逆变器输出电压为单相 220V 和三相 380V，不再升压输送至用户，此时电压波动范围有如下规定。

1）在稳定状态运行时，电压波动范围不超过额定值的 ±5%。

2）在有冲击负载时，电压波动范围不超过额定值的 ±10%。

3）在正常运行时，逆变器输出的三相电压不平衡度不超过 8%。

4）输出电压正弦波失真度要求一般小于3%。

5）输出交流电压的频率波动应在1%以内，《GB/T 20321.1—2006》规定逆变器输出交流电压的频率范围不超过额定值的±5%。

（3）额定输出功率

额定输出功率是指在负载功率因数为1时，逆变器额定输出电压与额定输出电流的乘积，单位为kV·A。

（4）过载能力

过载能力是要求逆变器在额定输出功率条件下能持续工作的时间，其标准规定如下。

1）输入电压和输出功率为额定值时，逆变器应能连续工作4h以上。

2）输入电压和输出功率为额定值的125%时，逆变器应能连续工作1min以上。

3）输入电压和输出功率为额定值的150%时，逆变器应能连续工作10s以上。

（5）额定直流输入电压及范围

额定直流输入电压是指光伏发电系统中输入逆变器的直流电压值。小功率逆变器输入电压一般为12V、24V、48V，中、大功率的逆变器输入电压通常有110V、220V、500V等。由于离网光伏发电系统的蓄电池组电压是变化的，这就要求逆变器应能满足输入电压可在一定范围内变化而不影响输出电压的变化，通常这个值是90%～120%。

（6）保护功能

为确保光伏发电系统安全可靠运行，逆变器应具有如下主要保护功能：过电压、欠电压保护、过电流保护、短路保护、反接保护、防雷接地保护等。

（7）安全性要求

1）绝缘电阻：逆变器直流输入端与机壳间的绝缘电阻、交流输出端与机壳间的绝缘电阻均应≥50MΩ。

2）绝缘强度：逆变器的直流输入端与机壳间应能承受频率为50Hz、正弦波交流电压为500V、历时1min的绝缘强度试验，无击穿或电弧现象。逆变器交流输出端与机壳间应能承受频率为50Hz、正弦波交流电压为1500V，历时1min的绝缘强度试验，无击穿或电弧现象。

（8）其他要求

光伏发电系统逆变器的正常使用条件为：环境工作温度－20～50℃，相对湿度≤93%，无凝露以及海拔限定的高度等。当工作环境超过上述条件范围时，要考虑降低容量使用或重新设计定制。

5.2 并网逆变器

5.2.1 并网逆变器结构及特性

【任务说明】

并网逆变器主要作用是将光伏电池组件所发直流电转换为与电网同频率同相位的正弦交流电，并送入电网，同时还具备防止孤岛效应、低电压穿越等能力。本节主要学习并网逆变器的结构及其特性。

【任务实施】

目前国内外并网逆变器结构的设计主要集中于采用 DC-DC 和 DC-AC 两级能量变换的两级式逆变器和采用一级能量变换的单级式逆变器。对于中小型并网逆变器，主要采用两级式结构；而对于大型逆变器，一般采用单级式结构。

1. 两级式逆变器的结构

两级式逆变器的系统框图如图 5-10 所示。DC-DC 变换环节调整光伏阵列的输出电压和电流，使其输出功率最大。DC-AC 变换环节主要使输出电流与电网电压同频、同相。两个环节具有独立的控制目标和手段，系统的控制环节比较容易设计和实现。由于单独具有一级最大功率点跟踪环节，系统中相当于设置了电压预调整单元，系统可以具有比较宽的输入范围。同时，最大功率点跟踪环节的设置可以使逆变环节的输入相对稳定，而且输入的电压较高，这样有利于提高逆变环节的转换效率。

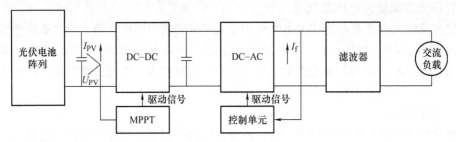

图 5-10　两级式逆变器的系统框图

2. 单级式逆变器的结构

对于大功率并网逆变器，如果采用两个独立的能量变换环节，整个系统在效率、体积方面都较难控制。现在许多大型逆变器大都采用单级式结构，其系统框图如图 5-11 所示。该装置可通过一级能量变换实现最大功率点跟踪和并网逆变两个功能，这样可提高系统效率，减小系统体积和质量，降低系统造价。

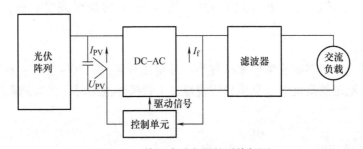

图 5-11　单级式逆变器的系统框图

单级式逆变器的一般控制目标为：控制逆变电路输出的交流电流为稳定、高品质的正弦波，且与交流侧电网电压同频同相，同时通过调节该电流的幅值，使得光伏阵列工作在最大功率点附近。

3. 并网逆变器单独运行的检测与防止孤岛效应

在光伏并网发电过程中，由于光伏发电系统与电力系统并网运行，当电力系统由于某种原因发生异常而停电时，如果光伏发电系统不能随之停止工作或与电力系统脱开，则会向电力系统继续供电，这种运行状态被形象地称为孤岛效应。特别是当光伏发电系统的发电功率与负载用电功率平衡时，即使电力系统断电，光伏发电系统输出端的电压和频率等参数不会快速随之变化，使光伏发电系统无法正确判断电力系统是否发生故障或中断供电，因而极易导致孤岛效应现象的发生。

孤岛效应的发生会产生严重的后果。当电力系统电网发生故障或中断供电后，由于光伏发电系统仍然继续给电网供电，会威胁到电力供电线路的修复、维修作业人员及设备的安全，造成触电事故，这不仅妨碍了停电故障的检修和正常运行的尽快恢复，而且有可能给配电系统及一些负载设备造成损害。因此为了确保维修作业人员的安全和电力供电的及时恢复，当电力系统停电时，必须使光伏发电系统停止运行或与电力系统自动分离（此时光伏发电系统自动切换成独立供电系统，还将继续运行为一些应急负载和必要负载供电）。

在逆变器电路中，检测出光伏发电系统单独运行状态的功能称为单独运行检测。检测出单独运行状态，并使光伏系统停止运行或与电力系统自动分离的功能就叫单独运行停止或孤岛效应防止。

单独运行检测方式分为被动式检测和主动式检测两种方式。

（1）被动式检测方式

被动式检测方式是通过实时监测电网系统的电压、频率、相位的变化，因电网电力系统停电向单独运行过渡时，可导致电压、频率、相位等参数变化，依此可检测出单独运行状态。

被动式检测方式有电压相位跳跃检测法、频率变化率检测法、电压谐波检测法、输出功率变化率检测法等，其中电压相位跳跃检测法较为常用。

电压相位跳跃检测法的检测原理如图 5-12 所示，其检测过程是：周期性地测出逆变器的交流电压的周期，如果周期的偏移超过某设定值以上时，则可判定为单独运行状态。此时使逆变器停止运行或脱离电网运行。通常与电力系统并网的逆变器是在功率因数为 1（即电力系统电压与逆变器的输出电流同相）的情况下运行，逆变器不向负载供给无功功率，而由电力系统供给无功功率。但单独运行时电力系统无法供给无功功率，逆变器不得不向负载供给无功功率，其结果是使电压的相位发生骤变。检测电路检测出电压相位的变化，判定光伏发电系统处于单独运行状态。

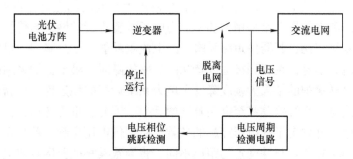

图 5-12　电压相位跳跃检测法原理

（2）主动式检测方式

主动式检测方式是指由逆变器的输出端主动向系统发出电压、频率或输出功率等变化量的扰动信号，并观察电网是否受到影响，根据参数变化检测出是否处于单独运行状态。

主动式检测方式有频率偏移方式、有功功率变动方式、无功功率变动方式以及负载变动方式等，较常用的是频率偏移方式。

频率偏移方式工作原理如图 5-13 所示，该方式是根据单独运行中的负载状况，使光伏发电系统输出的交流电频率在允许的变化范围内变化，根据系统是否跟随其变化来判断光伏发电系统是否处于单独运行状态。例如使逆变器的输出频率相对于系统频率有 ±0.1Hz 的波动，在与电力系统并网时，此频率的波动会被系统吸收，所以系统的频率不会改变。当系统处于单独运行状态时，此频率的波动会引起系统频率的变化，根据检测出的频率可以判断为单独运行。一般当频率波动持续 0.5s 以上时，逆变器会停止运行或与电力电网脱离。

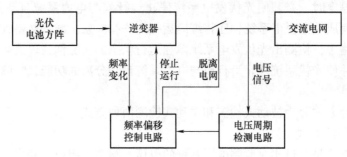

图 5-13　频率偏移方式工作原理

4. 并网逆变器低电压穿越能力

（1）低电压穿越能力

在电力系统发生的故障中有很多都属于瞬时性的，例如，雷击过电压引起的绝缘子表面闪烁、大风时的短时碰线、风筝绳索或树枝落在导线上引起的短路等。这些故障当被继电保护迅速切除后，电弧即可熄灭，故障点的绝缘可恢复，故障随即自行消除。此时若重新合上断路器，往往能恢复供电，因而可减小用户停电的时间，提高供电可靠性。

为此，在电力系统中，往往采用自动重合闸装置。自动重合闸在输、配电线路中，尤其在高压输电线路上，大大提高了供电的可靠性，并已得到广泛应用。根据运行资料统计，输电线自动重合闸的动作成功率（重合闸成功的次数/总的重合次数）相当高，在 60% ~ 90% 之间。

因此，大型新能源发电站，包括风力发电站和光伏发电站都应具备自动重合闸的能力。然而，风力发电站和光伏发电站采用大功率电力电子装置进行并网，与传统的大型交流同步发电机和变压器系统相比，其器件短路和瞬时过电流耐受能力十分脆弱。早期新能源系统的设计为了保护发电站本身，在遇到接地或者相间短路故障时，继电保护采用的是全部脱网切除的工作模式，这样保护的结果大幅度降低了电力系统运行的稳定性，在新能源供电比重较大的情况下会造成电力系统振荡甚至电网解列的后果。因此，世界各国在大型新能源发电站的并网技术条件中，都规定了低电压穿越的条款。所谓低电压穿越，就是在瞬时接地短路或者相间短路时，由于短路点与并网点的距离不同，将导致某相的并网点相电压低于某一个阈值（一般等于或低于最低电压限值的20%）。此时，大型风力发电站或者光伏发电站不能够解列或者脱网，需要给系统提供无功电流，能够自动跟踪电力系统的电压、频率、相位，在自动重合闸时不产生有害的冲击电流，能够快速并网恢复供电，这就是低电压穿越功能。

（2）光伏电站接入电网技术规定

大型和中型光伏电站应具备一定的耐受电压异常的能力，避免在电网电压异常时脱离，引起电网电源的损失。根据国家电网公司《光伏电站接入电网技术规定（试行）》要求，当并网点电压在电压轮廓线及以上的区域内时，光伏电站必须保证不间断并网运行；并网点电压在电压轮廓线以下时，允许光伏电站停止向电网线路送电，如图5-14所示。图中，U_0 为正常运行的最低电压限值，一般取0.9倍额定电压 U_0。U_{L1} 为需要耐受的电压下限，T_1 为电压跌落到 U_{L1} 时需要保持并网的时间，T_2 为电压跌落到 U_{L0} 时需要保持并网的时间。U_{L1}、T_1、T_2 数值的确定需考虑保护和重合闸动作时间等实际情况。推荐 U_{L1} 设定为0.2倍额定电压 U_0，T_1 设定为1s、T_2 设定为3s。

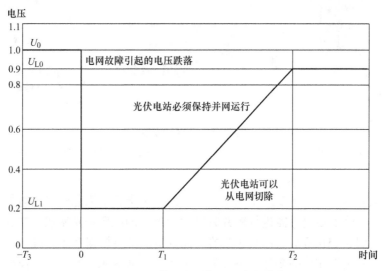

图5-14 光伏逆变器低电压穿越曲线

（3）并网逆变器低电压穿越能力的评估

并网逆变器低电压穿越能力是光伏电站并网的最重要考核指标之一，必须考虑到光伏电站并网在110kV以下的瞬时对称低电压运行模式，其特征是三相对称系统，逆变器需要快速降电压保护。在升压过程中必须保持适当的升压速率，避免在升降电压的过程中，发生过电流速断保护。而对于220kV以上的光伏并网系统，必须考虑电力系统非全相运行的模式。在该模式下，系统一般为两相送电模式；而此时，并网逆变器处于非对称运行状态，必须有持续的非全相、非对称的运行能力。

5.2.2 并网逆变器类型

【任务说明】

并网逆变器按照容量大小分为微型/组件逆变器、集中式光伏并网逆变器、组串式光伏并网逆变器和多组串式光伏并网逆变器。本节主要学习并网逆变器的分类及特性。

【任务实施】

根据应用场合的不同，光伏并网逆变器的拓扑结构也出现多种变化，从小功率的单相并网到大功率的三相多电平并网逆变器技术，其选用的半导体器件及控制算法的要求也趋于严格。目前，多种规模的光伏并网逆变器已经研制成功并开始批量生产。

1. 微型/组件逆变器

微型/组件逆变器主要用在组件数量较少或者光伏阵列朝向多样的光伏建筑一体化

（BIPV）中，将单一的组件逆变输出为适合并网的交流电。其优点是各组件都工作在自己的最大功率点处，并且组件之间不互相影响，一旦某个组件被遮挡或出现问题，其他组件仍然正常工作，极大地提高了系统的安全性；缺点是成本相对较高。微型/组件逆变器如图5-15a所示。

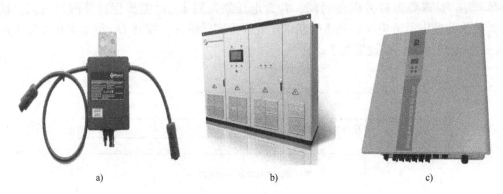

图5-15 并网逆变器

a）微型/组件逆变器 b）集中式光伏并网逆变器 c）组串式光伏并网逆变器

2. 集中式光伏并网逆变器

集中式光伏并网逆变器主要用于大型光伏电站，负责将太阳能转换成电能传输到低压电网或中压电网，光伏电池组件需进行串并联以达到足够的电压和功率供给逆变器。集中式光伏并网逆变器如图5-15b所示。该型逆变器的优点是功率转换损耗小，维护方便。缺点是在电池组件不匹配及阴影遮挡的多峰值条件下，该型逆变器的MPPT策略比较难以达到最大功率点；光伏电池组串并联导致的高电压、大电流会导致损耗及安全问题；柔性不足，当需要对光伏电站的容量进行改造时，需要重新设计逆变器；在弱光情况下发电量明显不足。图5-16所示的集中式逆变拓扑结构中，两组组件阵列并联（所有组件并联）接入集中逆变器，在每路组件串联支路中有反向二极管，防止组件阵列之间因为电压差而导致的回流问题。

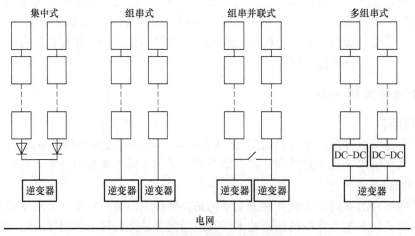

图5-16 并网逆变器拓扑结构

研究表明，集中式光伏并网逆变器的性价比很高，同样功率规模下成本为组串式光伏并网逆变器的60%，但效率比组串式逆变器要低1.5%。

3. 组串式光伏并网逆变器

组串式光伏并网逆变器通过串联光伏电池组件达到其功率等级，组串式拓扑结构如图 5-16 所示。其优点是能够解决组件串之间的不匹配问题，并让该组件串联阵列工作在最大功率点处。此外，由于光伏组件无须并联，防止了组件之间因为电压差而导致的回流问题，因此无须串联反向二极管，提高了转换效率；其拓扑结构的柔性较强，当须拓展或缩减电站容量时，无须改变现有系统，只需增减逆变器及其对应的光伏组件便可实现。但该拓扑结构的缺点是增加了多台光伏逆变器，从而使得成本过高。

组串式光伏并网逆变器目前之所以能够大规模地应用在光伏电站，主要是考虑到它能有效地提升日照时间。由于组串式逆变器的输入工作电压较低，能够保证在弱光下工作，因此提升了光伏电站的最大功率产出。现阶段，使用一种新型交叉拓扑结构的逆变器来提高弱光下光伏电站的工作质量。当阳光较弱时，部分逆变器开始工作，通过并联多个光伏组件来提升单个逆变器输入工作电压；当阳光转为强烈时，全部逆变器正常工作，交叉结构还原为串联结构。这样，即使在部分逆变器出现故障时，也能够获得当前电站的最大功率。对一个 500kW 的光伏电站来说，即使是在 21W/m^2 的辐照度时，使用组串式光伏并网逆变器的转换效率也可以达到 92% ~ 98%。

4. 多组串式光伏并网逆变器

多组串式光伏并网逆变器可以对应一串光伏阵列，也可以对应单个光伏组件（这时一般被称为微型），多组串式光伏并网逆变器拓扑结构如图 5-16 所示。一般是使用一个 DC-DC 变换器来使光伏组件或光伏组串达到一个较高的直流电压，同时 DC-DC 负责实现原本属于逆变器的 MPPT（最大功率点跟踪）技术。这样，逆变器只需进行直流转交流逆变的工作。该方法可以很好地解决光伏模组不匹配的问题，并且结构柔性较好，无须添加逆变器便可增减一部分容量；此外，由于两部分功能分开，导致结构可以变简单，能减少部分成本。该拓扑结构的缺点是在弱光下，由于逆变器仍是大功率，因此对小功率不敏感，有效日照时间不会增加；此外，由于是多个 DC-DC 变换器并联，该种形式的谐波可能会较大。图 5-17 所示为多组串式光伏并网逆变器结构。

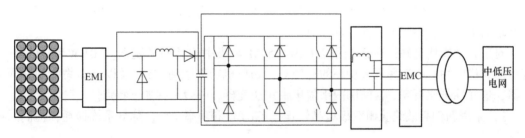

图 5-17　多组串式光伏并网逆变器结构

5.2.3　并网逆变器技术要求及选配

【任务说明】

逆变器的配置选用，除了要根据整个光伏电站的各项技术指标并参阅生产厂商提供的产品手册来确定之外，还要重点关注逆变器的额定输出功率、整机效率、输出电压以及并网逆变器类型等相关技术指标。本节主要学习并网逆变器的技术指标及选配方法。

【任务实施】

1. 并网逆变器技术指标

并网逆变器是光伏并网发电系统的关键部件，由它将直流电逆变成交流电，为跟随电网频率和电压变化的电流源。目前市售的并网型逆变器的产品主要是 DC-DC 和 DC-AC 两级能量变换的结构：DC-DC 变换环节调整光伏电池阵列的工作点使其跟踪最大工作点；DC-AC 逆变环节主要使输出电流、电压与电网、电流电压同相位，同时获得单位功率因数。

对于大型、超大型光伏电站一般都选用集中式光伏并网逆变器。逆变器的配置选用，除了要根据整个光伏电站的各项技术指标并参阅生产厂商提供的产品手册来确定之外，还要重点关注如下几个技术指标。

(1) 额定输出功率

额定输出功率表示逆变器向负载或电网供电的能力。选用逆变器应首先考虑光伏电池阵列的功率，以满足最大负荷下设备对电功率的要求。当用电设备以纯电阻性负载为主或功率因数大于 0.9 时，一般选用逆变器的额定输出功率比用电设备总功率大 10% ~ 15%。并网逆变器的额定输出功率与光伏电池功率之比一般为 90%。

(2) 输出电压的调整性能

输出电压的调整性能表征逆变器输出电压的稳压度。一般逆变器都会给出当直流输入电压在允许波动范围内变化时，该逆变器输出交流电压波动偏差的百分率，即电压调整率。性能好的逆变器的电压调整率应不大于 3%。

(3) 整机效率

整机效率表征逆变器自身功率损耗的大小。逆变器效率还分最大效率、MPPT 效率，它们的定义如下。

● 最大效率 η_{max}：逆变器所能达到的最大效率。

● MPPT 效率 η_{MPPT}：表示逆变器最大功率点跟踪的精度。

目前，先进的逆变器最大效率大于 96.5%，MPPT 效率大于 99%。

(4) 起动性能

所选用的逆变器应能保证在额定负荷下可靠起动。高性能逆变器可以做到连续多次满负荷起动而不损坏功率开关器件及其他电路。

对于大型光伏电站，通常选用 250kW、500kW 集中型并网逆变器。10MW 级乃至更大容量的光伏电站，应选择更大功率的逆变器，如单机功率达到 1MW 及以上的集中型并网逆变器，这样性价比更高。目前国内市售集中式逆变器，一般具有如下特点。

1) 采用新型高效绝缘栅双极型晶体管（IGBT）和功率模块，降低系统损耗，提高系统效率。

2) 使用全光纤驱动，避免误触发并大大降低电磁干扰对系统的影响，从而增强整机的稳定性与可靠性。

3) 重新优化了结构和电路设计，减少系统构成元件，降低系统成本，提高系统的散热效率，增强系统的稳定性。

4) 采用新型智能矢量控制技术，可以抑制三相不平衡对系统的影响，并同时提高直流电压利用率，拓展系统的直流电压的输入范围。

5) 采用国际流行的触摸屏技术，设计新型智能人机界面，增加监控的系统参数；图形化界面经人机工程学设计，方便用户及时掌握系统的整体信息，且增强数据采集与存储功能，可以记录最近100天以内的所有历史参数、故障和事件并可以方便导出，为进一步的数据处理提供基础。

6）增强的防护功能，与普通逆变器相比较，增加直流接地故障保护，紧急停机按钮和开/关旋钮提供双重保护，系统具有直流过电压、直流欠电压、频率故障、交流过电压、交流欠电压、IMP故障、温度故障、通信故障等全面的故障判断与检测。

7）具有多种通信方式，拥有RS485/GPRS/Ethernet等通信接口和附件，即使电站地处偏僻，也能通过各种网络及时获知系统运行状况。

8）经过多次升级的系统监控软件，可以适应多语种Windows平台，集成环境监控系统，界面简单，参数丰富，易于操作。

9）专为光伏电站设计了群控功能，可以即时监控天气变化，并根据实时信息决定多台逆变器的关断或开通。试验结果表明，该种群控器可以有效提高系统效率1%～2%，从而给用户带来更多收益。

10）具有低电压穿越，无功、有功调节等功能（可选择）。

11）系统的电路与控制算法，使用仿真软件（Saber、PSPICE、MATLAB等）进行严格的仿真和计算，所有参数均为多次优化设计的结果，整机经过实验室和现场多种环境（不同湿度、温度）的严酷测试，并根据测试结果对系统进行二次优化，以达到最优的性能表现。

12）完善的国内售后服务体系，强大的售后服务能力，反应快，后期运行维护成本低。

13）工频隔离变压器，实现光伏电池阵列和电网之间的相互隔离。

14）具有直流输入手动分断开关、交流电网手动分断开关和紧急停机操作开关。

15）具有人性化的LCD液晶界面，通过按键操作，液晶显示屏（LCD）可实时清晰显示各项运行数据、实时故障数据、历史故障数据（大于50条）、总发电量数据、历史发电量（按月、按年查询）数据；可提供包括RS-485或Ethernet（以太网）远程通信接口，其中RS-485遵循Modbus通信协议，Ethernet（以太网）接口支持TCP/IP，支持动态主机配置协议（DHCP）或静态获取IP地址。

2. 逆变器类型选择

按照输出电能的去向，逆变器分为有源逆变器和无源逆变器。凡将逆变器输出的电能向工业电网输送的逆变器，称为有源逆变器；凡将逆变器输出的电能输向某种用电负载的逆变器称为无源逆变器。交流侧接电网，为有源逆变；交流侧接负载，为无源逆变。按有无变压器隔离分为无隔离变压器并网逆变器和隔离变压器并网逆变器，隔离变压器并网逆变器又分为工频隔离变压器并网逆变器和高频隔离变压器并网逆变器等。

（1）无隔离变压器并网逆变器

优点：省去了笨重的工频变压器，系统效率高（大于97%）、重量轻、结构简单。

缺点：光伏电池组件与电网没有电气隔离，其两极有电网电压，对人身安全不利；影响电网质量，直流易传入交流侧，使电网直流分量过大。

（2）工频隔离变压器并网逆变器

优点：使用工频隔离变压器进行电压变换和电气隔离，具有结构简单、抗冲击性能好的优点，最重要的是安全性高。

缺点：系统效率相对于无隔离变压器并网逆变器低（95%左右）、重量大等。

（3）高频隔离变压器并网逆变器

优点：同时具有电气隔离和重量轻的优点，模块化，系统效率大于95%。

缺点：由于隔离 DC-AC-DC 的功率等级一般较小，所以这种结构需用在 5kW 以下的光伏电站。

3. 系统方案逆变器选配

从逆变器参数指标角度制定逆变器选配方案时，主要考虑如下几点。

（1）逆变器的额定容量要和系统容量匹配。

（2）光伏电池组件最大容量不得超过逆变器额定容量的 10%。

（3）光伏电池组件串并联输出电压要在逆变器 MPPT 电压范围之内。

（4）逆变器允许的最大开路电压要大于电池组件方阵最大开路电压。

（5）逆变器允许的最大电路电流要大于电池组件方阵最大电路电流。

表 5-3 为 SG500KTL 型并网逆变器的技术参数。

表 5-3　SG500KTL 型并网逆变器的技术参数

	额定功率/kW	500
直流输入	最大直流输入功率/kW	550
	最大阵列开路电压/V	900
	最大直流输入电流/A	1200
	MPPT 电压范围/V	450～820
交流输出	额定交流输出功率/kW	500
	最大交流输出功率/kW	500
	最大交流输出电流/A	1176
	输出电压范围/V	250～362
	输出频率范围/Hz	47～51.5/57～61.5
	最大逆变效率	98.5%（无变压器、欧洲效率）
	功率因数	0.95（超前）～0.95（滞后）
	并网电流总谐波畸变率	<3%（额定功率时）
	夜间自耗电/W	<100
保护功能	过/欠电压保护（有/无）	有
	防孤岛保护（有/无）	有
	过流保护（有/无）	有
	防反放电保护（有/无）	有
	极性反接保护（有/无）	有
	过载保护（有/无）	有
电气绝缘性能	直流输入对地/MΩ	18.2
	直流与交流之间（限于带工频隔离变压器产品）/MΩ	77.9
	交流输出对地/MΩ	55

	自动投运条件	直流输入及电网符合要求，逆变器自动投入运行
其他	断电后自动重启时间/min	5（可调）
	保护功能	极性反接保护、短路保护、过载保护、孤岛效应保护、电网过欠电压保护、电网过欠频保护、过热保护、接地故障保护等
	通信接口	RS-485（标配），以太网（选配）
	使用环境温度/℃	－25～55
	使用环境湿度	0～95%，无冷凝
	使用海拔高度/m	6000（超过3000m需降额使用）
	冷却方式	风冷
	防护等级	IP20（室内）
	尺寸（宽/mm×高/mm×深/mm）	2800×2180×850
	重量/kg	2288kg
	平均无故障间隔时间（MTBF）/h	＞50000
	平均故障修复时间（MTTR）/h	＜12

5.3 交流配电柜

5.3.1 交流配电柜认知

【任务说明】

交流配电柜主要是将逆变器输出的交流电进行汇流，各路交流输入通过交流配电柜的正极母线和负极母线集中汇流，然后通过专用断路器输出到交流输出端，再接至升压变压器。本节主要学习交流配电柜的工作原理及其组成。

【任务实施】

1. 交流配电柜组成

光伏电站交流配电系统是用来接受和分配交流电的电力设备，主要由控制电器（断路器、隔离开关、负荷开关等）、保护电器（熔断器、继电器、防雷器等）、测量电器（电流互感器、电压互感器、电压表、电流表、电能表、功率因数表等），以及母线和载流导体等组成。

交流配电系统按照设备所处场所分为户内配电系统和户外配电系统；按照电压等级分为高压配电系统和低压配电系统；按照结构形式分为装配式配电系统和成套式配电系统。

中、小型光伏电站一般供电范围较小，采用低压交流供电基本可以满足用电需要。因此，低压配电系统在光伏电站中就成为连接逆变器和交流负载的一种接收和分配电能的电力设备。

在并网光伏发电系统中，通过交流配电系统（交流配电柜）为逆变器提供输出接口，配置交流断路器直接并网或直接供给交流负载使用。在光伏发电系统发生故障时，不会影响到自身、电网或负载安全，同时可确保维修人员的安全。对于并网光伏发电系统，除控制电器、测量仪表、保护电器以及母线和载流导体之外，还须配置电能质量分析仪。图5-18为三相并网光伏发电系统交流配电柜的构成示意图。

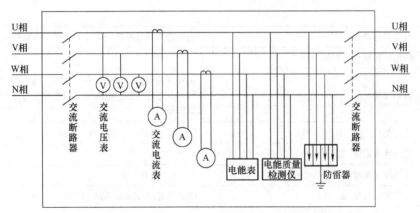

图 5-18　三相并网光伏发电系统交流配电柜的构成

2. 交流配电柜功能

为增加光伏电站的供电可靠性，同时减少蓄电池的容量和降低系统成本，各电站都配有备用柴油发电机组作为后备电源。后备电源的作用是：第一，当蓄电池亏电而光伏电池方阵又无法及时充电时，可由后备柴油发电机组经整流充电设备给蓄电池组充电，并同时通过交流配电系统直接向负载供电，以保证供电系统正常运行；第二，当逆变器或者其他部件发生故障，光伏发电系统无法供电时，作为应急电源，可启动后备柴油发电机组，经交流配电系统直接为负载供电。因此，交流配电系统除在正常情况下将逆变器输出的电力提供给负载外，还应在特殊情况下具有将后备应急电源输出的电力直接向负载供电的功能。

由此可见，独立运行的光伏电站交流配电系统至少应有两路电源输入：一路用于主逆变器输入，一路用于后备柴油发电机组输入。在配有备用逆变器的光伏发电系统中，其交流配电系统还应考虑增加一路输入。为确保逆变器和柴油发电机组的安全，杜绝逆变器与柴油发电机组同时供电的危险局面出现，交流配电系统的两种输入电源切换功能必须有绝对可靠的互锁装置。只要逆变器供电操作步骤没有完全排除干净，柴油发电机组供电便不可能进行；同样，在柴油发电机组通过交流配电系统向负载供电时，也必须确保逆变器绝对接不进交流配电系统。

交流配电系统的输出一般可根据用户要求设计。通常，独立光伏电站的供电保障率很难做到100%，为确保某些特殊负载的供电需求，交流配电系统至少应有两路输出。这样就可以在蓄电池电量不足的情况下，切断一路普通负载，确保向主要负载继续供电。在某些情况下，交流配电系统的输出还可以是三路或四路的，以满足不同需求。例如，有的地方需要远程送电，应进行高压输配电；有的地方需要为政府机关、银行、通信等重要单位设立供电专线等。

常用光伏电站交流配电系统主电路的基本原理图，如图 5-19 所示。

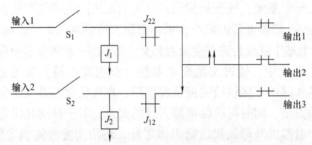

图 5-19　交流配电系统主电路的基本原理图

图 5-19 所示为两路输入、三路输出的配电结构。其中，S_1、S_2 是隔离开关。接触器 J_1 和 J_2 用于两路输入的互锁控制，即当输入 1 有电并闭合 S_1 时，接触器 J_1 线圈有电吸合，接触器 J_{12} 将输入 2 断开；同理，当输入 2 有电并闭合 S_2 时，接触器 J_{22} 自动断开输入 1，起到互锁保护的作用。另外，配电系统的三路输出分别由 3 个接触器进行控制，可根据实际情况及各路负载的重要程度分别进行控制操作。

5.3.2 交流配电柜技术要求及选配

【任务说明】

交流配电柜要求动作准确、运行可靠，在发生故障时，能够准确、迅速地切断事故电源，避免事故扩大。在一定的操作频率工作时，具有较高的机械寿命和电气寿命。本节主要学习交流配电柜的技术要求及其保护功能。

【任务实施】

1. 交流配电柜技术要求

1）动作准确，运行可靠。

2）在发生故障时，能够准确、迅速地切断事故电源，避免事故扩大。

3）在一定的操作频率工作时，具有较高的机械寿命和电气寿命。

4）电气元件之间在电气、绝缘和机械等方面的性能能够配合协调。

5）工作安全，操作方便，维护容易。

6）体积小，重量轻，工艺好，制造成本低。

7）设备自身能耗小。

2. 配电系统的海拔问题

按照有关电气产品技术规定，通常低压电气设备的使用环境都限定在海拔 2000m 以下，而对于 4500m 以上地区，由于气压低、相对湿度大、温差大、太阳辐射强、空气密度低等问题，导致大气压力和相对密度降低，电气设备的外绝缘强度也随之下降。因此，在设计配电系统时，必须考虑当地恶劣环境对电气设备的不利影响。

3. 接有防雷器装置

光伏发电系统的交流配电柜中一般都接有防雷器装置，用来保护交流负载或交流电网免遭雷电破坏。防雷器一般接在总开关之后，具体接法如图 5-20 所示。

4. 电表连接

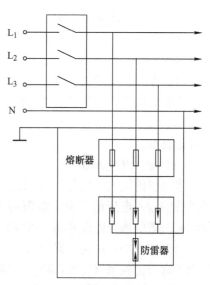

图 5-20　交流配电柜中防雷器
接法示意图

在可逆流的并网光伏发电系统中，除了正常用电计量的电能表之外，为了准确地计量发电系统馈入电网的电量（卖出的电量）和电网向系统内补充的电量（买入的电量），就需要在交流配电柜内另外安装两块电能表进行用电量和发电量的计量，其单相接线法如图 5-21 所示，图 5-22 是三相接线法。

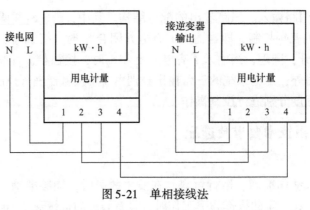

图 5-21　单相接线法

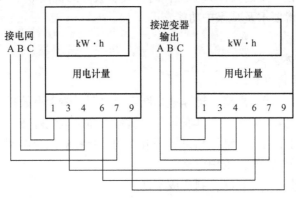

图 5-22　三相接线法

5. 交流配电柜的保护功能

交流配电柜应具有多种线路故障的保护功能。一旦发生保护动作，用户可根据实际情况进行处理，排除故障，恢复送电。

（1）输出过载和短路保护

当输出电路有短路或过载等故障发生时，相应断路器会自动跳闸，断开输出。当有更严重的情况发生时，甚至会发生熔断器烧断的情况。这时，应首先查明原因，排除故障，然后再接通负载。

（2）输入欠电压保护

当系统的输入电压降到电源额定电压的 35%～70% 时，输入控制开关自动跳闸断电；当系统的输入电压低于额定电压的 35% 时，断路器开关无法闭合送电。此时应查明原因，使配电装置的输入电压升高，再恢复供电。

交流配电柜在用逆变器输入供电时，具有蓄电池欠电压保护功能。当蓄电池放电达到一定深度时，由控制器发出切断负载信号，控制配电柜中的负载继电器动作，切断相应负载。恢复送电时，只需进行按钮操作即可。

（3）输入互锁功能

光伏电站交流配电柜最重要的保护是两路输入的继电器及断路器开关双重互锁保护。互锁保护功能是当逆变器输入或柴油发电机组输入只要有一路有电时，另一路继电器就不能闭合，即按钮操作失灵。也就是说，断路器开关互锁保护，只允许一路开关合闸通电。

6. 交流配电柜的选配

（1）选择成熟可靠的设备和技术

可选用符合国家技术标准的 PGL 型低压配电柜，用于发电厂和变电站额定工作电压不超过 380V 的低压配电产品。为确保产品的可靠性，一次配电和二次配电控制回路均要采用成熟可靠的电子线路。

（2）交流配电柜选配应考虑高海拔地区的自然条件

随着海拔高度的增加，大气压力和密度下降，电气设备的外绝缘强度也随之下降。因此，在选配交流配电柜时，要考虑当地恶劣环境对交流配电柜的不利影响。

（3）交流配电柜面板仪表要求

选配的交流配电柜面板的仪表有：电流表、电压表、功率因数表，分别用于测量三相电流、电压和逆变器输出功率因数。另外交流配电柜还应有电能表，用于测量光伏电站的供电电量。

（4）交流配电柜选配结构要求

1）在高海拔地区，由于气压低、大气密度小、散热条件差，对低压电气设备影响大，选配交流配电柜时，电气元件选用要留有较大余地（如功率要求），以降低工作时的温升。

2）交流配电柜应选用开启式的双面维护结构，采用薄钢板及角钢焊接而成，便于交流配电柜的维护和维修。

3）交流配电柜应具有良好的接地保护系统，主接地点一般连接在机柜下方的骨架上，仪表盘的接地点应与柜体连接，构成完整的接地保护电路，防止漏电。

5.4 升压变压器

5.4.1 变压器工作原理及分类

【任务说明】

在光伏发电系统中，为了把逆变器电能输送到电网中，需要经过升压变压器。变压器的工作原理就是电磁感应，即"电生磁，磁生电"的一种具体应用。本节主要学习变压器的工作原理、种类及特性。

【任务实施】

1. 变压器工作原理

现以单相双绕组变压器为例来说明，图 5-23 所示为变压器的工作原理图。为了便于分析，把接到电源侧的变压器绕组称为一次绕组，与负载相连的绕组称为二次绕组。其中，W_1 和 W_2 分别为变压器一、二次绕组的匝数。

当匝数为 W_1 的一次绕组接到频率为 f、电压为 U_1 的交流电源上时，一次绕组便有励磁电流 I_m 通过。一次绕组的磁势 $I_m W_1$ 便在铁心中产生主磁通 ϕ。根据电磁感应定律，交变的主磁通 ϕ 在一、二次绕组中感应出相应的电势 E_1 和 E_2。如果二次绕组接有负载时，二次绕组中就有 I_2 电流通过，就会产生相应的磁势 $I_2 W_2$。该磁势作用在同一铁心上，且起反向去磁作用，将使主磁通趋于改变，因此一次绕组感应电势 E_1 亦将趋于改变，从而打破原有的平衡，使一次绕组的电流发生变化。由于主磁通决定于电源 U_1，而 U_1 基本不变，所以主磁

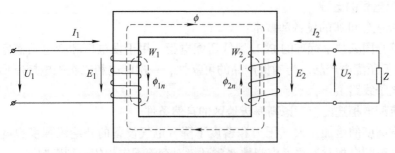

图 5-23 变压器工作原理

通也就基本不变，故一次绕组的电流必将增加到 I_1。此电流增量所产生的磁势应能抵消二次绕组电流 I_2 所产生的磁势 I_2W_2，以保持原有主磁通 ϕ 基本不变。此外，一、二次绕组的磁势还将产生仅与自身交链的漏磁 ϕ_{1n} 和 ϕ_{2n}，并在各自绕组中产生漏磁电势 E_{1n} 和 E_{2n}。其中，变压器变换电压的关系式为：

$$\frac{U_1}{U_2} \approx \frac{E_1}{E_2} = \frac{W_1}{W_2} = K$$

式中，U_1、U_2 为变压器一、二次绕组的端电压，单位为 V；K 为变压器的电压比，也称变比。

由以上公式可以看出，当变压器处于空载状态运行时，一、二次绕组的电压比等于它们的匝数比。因此要使一、二次绕组具有不同的电压，只要使它们具有不同的匝数即可。也就是说，当 U_1 和 W_1 不变时，W_2 越大，则 U_2 越大；当 U_1 和 W_2 不变，W_1 越大，则 U_2 越小，反之亦然。

2. 三相变压器和单相变压器

变压器按相数分类有三相变压器和单相变压器。大多数场合使用三相变压器，在一些低压单相负载较多的场合，也使用单相变压器。三相变压器和单相变压器外观如图 5-24 所示。

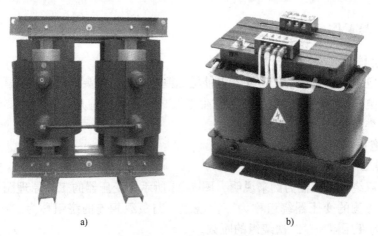

a)   b)

图 5-24　变压器外观
a) 单相变压器　b) 三相变压器

3. 干式变压器和油浸式变压器

干式变压器和油浸式变压器的区别主要如下。

（1）外观不同

两者封装形式不同，干式变压器能直接看到铁心和线圈，而油浸式变压器只能看到变压器的外壳，如图 5-25 所示。

a)   b)

图 5-25　油浸式变压器和干式变压器
a）干式变压器　b）油浸式变压器

（2）引线形式不同

干式变压器大多使用硅橡胶套管，而油浸式变压器大部分使用瓷套管。

（3）容量及电压不同

干式变压器一般用于配电，容量大都在 1600kVA 以下，电压在 10kV 以下，也有个别做到 35kV 电压等级的。而油浸式变压器却可以从小到大，做到全部容量，电压等级也做到了所有电压。我国正在建设的特高压 1000kV 试验线路，采用的就是油浸式变压器。

（4）绝缘和散热方式不同

干式变压器一般用树脂绝缘，依靠自然风冷，大容量依靠风机冷却，而油浸式变压器依靠绝缘油进行绝缘，通过绝缘油在变压器内部的循环将线圈产生的热量带到变压器的散热器（片）上进行散热。

（5）适用场所不同

干式变压器大多应用在需要"防火、防爆"的场所，一般在大型建筑、高层建筑上采用。而油浸式变压器由于出故障后可能有油喷出或泄漏的情况，易造成火灾，因此大多应用在室外，且设有"事故油池"的场所。

（6）对负荷的承受能力不同

干式变压器一般在额定容量下运行，而油浸式变压器的过载能力比较好。

（7）造价不同

对同容量变压器来说，干式变压器的采购价格比油浸式变压器价格要高许多。干式变压器型号开头一般为 SC（环氧树脂浇注包封式）、SCR（非环氧树脂浇注固体绝缘包封式）、SG（敞开式）。

4. 分裂变压器的结构特点

分裂式变压器是指变压器的绕组中有一个或多个绕组分裂成两个或两个以上彼此互不联系的绕组支路，各分裂绕组支路可以单独运行或同时运行。由于分裂变压器各分裂绕组支路正常工作时彼此不相连，因此没有电气方面的联系，仅有较弱的磁联系，所以分裂绕组支路间具有较大的阻抗，而分裂绕组支路与不分裂的绕组之间具有相同的阻抗。在通常情况下，分裂变压器的各分裂绕组支路的额定电压相同，也可以不同，但应彼此接近。此外，分裂变压器各分裂绕组支路的总容量等于变压器的额定容量。随着单机容量和系统容量的增大，为了合理地限制短路电流，分裂变压器的应用也越来越广泛。

为了利用变压器的阻抗特性，合理地限制短路电流，分裂变压器在一些大型发电厂和降压变电所中得到广泛的应用。图 5-26 为双绕组双分裂变压器的接线原理图，其中图 5-26a 为升压型分裂变压器的结构，它表示两台发电机通过一台分裂变压器向电网系统输送电能；图 5-26b 为降压型分裂变压器的结构，它表示由一台分裂变压器通过两个分支向负载供电的原理接线图。

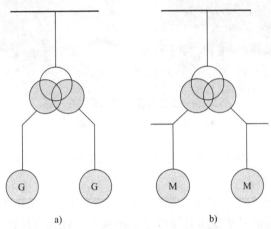

图 5-26　分裂变压器接线原理图

a) 升压型分裂变压器　b) 降压型分裂变压器

5.4.2　升压变压器技术要求及选配

【任务说明】

在并网光伏发电系统中，逆变器输出通过交流配电柜，连接到升压变压器，实现电压提升。升压变压器的选配需要根据系统容量、应用场合来确定。本节主要学习光伏发电系统中升压变压器的选配方法。

【任务实施】

1. 常用变压器的容量

我国目前常用变压器产品容量有 100kVA、125kVA、160kVA、200kVA、250kVA、315kVA、500kVA、630kVA、800kVA、1000kVA、1250kVA、1600kVA 等。

2. 变压器容量与数量的选择原则

（1）变压器损坏及产生过负荷能力的原因

变压器损坏及过负荷能力产生都是由于变压器额定参数与运行时实际参数的差异导致的。

1）电气设备的电压、电流各具有在一定条件下长期安全、经济运行的限额，即所谓的额定电压和额定电流。当实际运行电压或电流超过其额定电压或电流时，电气设备可能被损坏。因此，在排除人为破坏的情况下，变压器的损坏主要由以下两个原因造成。

① 当实际运行电压过高时，过电压使绝缘损坏。这是一个瞬时过程，因此电气设备是不能在大于其规定的最高电压下运行的。变压器具有额定寿命参数，变压器达到额定寿命的

工作环境是：最高日平均气温30℃，最高年平均气温20℃，最高气温40℃，最低温度－5℃（户内变压器）或－30℃（户外变压器），在额定电压下以额定电流运行。

② 当实际运行电流过大时，电气设备导体过热使绝缘老化加剧。这是一个累积过程，绝缘逐渐老化到一定程度，绝缘损坏，变压器寿命终结。正常运行时，绝缘也会逐渐老化，但因其过程较缓慢，所以实际使用寿命能达到额定寿命。变压器的设计使用年限一般为20~30年，其实际寿命主要取决于绕组绝缘的老化速度。

2）变压器额定容量是指变压器的额定视在功率（即额定电压和额定电流的乘积）。变压器实际运行时负荷的视在功率超过其额定容量时，称为变压器过负荷。变压器有一定的过负荷能力，其过负荷能力的大小主要取决于绝缘老化的速度，由如下因素决定。

① 选择变压器时，通常要考虑备用容量，因此变压器额定容量总是大于实际负荷的计算视在功率；其次，变压器的实际负荷是变动的，且实际的瞬时负荷大多数情况下小于计算负荷，即小于变压器的额定容量。此时实际运行时绝缘老化速度较变压器在额定参数下的老化速度慢，相当于延长了使用寿命，储备了一定的过负荷能力。

② 变压器实际运行环境不一定等同额定工作环境，当实际运行环境较额定工作环境恶劣时，会加速变压器绝缘的老化速度，超支设备绝缘寿命；反之，则能节省绝缘寿命，也储备一定的过负荷能力。

由上述分析可知，变压器具有一定的短时过负荷能力。变压器过负荷能力的大小与变压器的绝缘介质和生产工艺有较大的关系，不同的变压器，其短时过负荷能力大小也不一样。

（2）变压器台数的确定

在供配电系统中，变压器台数与供电范围内用电负荷的大小、性质、重要程度有关。表5-4为油浸式变压器、干式变压器短时过负荷及允许运行时间的对比。

表5-4 变压器短时过负荷及允许运行时间的对比

油浸式变压器	短时过负荷（%）	30	40	60	75	100	200
	允许运行时间/min	120	80	45	20	10	1.5
干式变压器	短时过负荷（%）	10	20	30	40	50	60
	允许运行时间/min	75	60	45	32	18	5

1）三级负荷一般设一台变压器，但考虑现有开关设备开断容量的限制，所选单台变压器的额定容量一般不大于1250kVA；当用电负荷所需的变压器容量大于1250kVA时，通常应采用两台或多台变压器。

2）当季节性或昼夜性的负荷较多时，可将这些负荷采用单独的变压器供电，以使这些负荷不投入使用时，切除相应的供电变压器，减少空载损耗。

3）当有较大的冲击性负荷时，为避免对其他负荷供电质量的影响，可单独设变压器对其供电。

4）当有大量一、二级负荷时，为保证供电可靠性，应设两台或多台变压器，以起到相互备用的作用。

（3）变压器容量的确定

1）单台变压器容量一般不大于1250kVA。若负荷集中且确有需要，可采用1600kVA或更大的变压器。

2）最大负荷率 β 的计算公式为

$$\beta = S_C / S_{rT}$$

其中，S_C 为正常运行时的计算负荷，S_{rT} 为变压器的额定容量。

β 一般取 75% ~85%，这是综合考虑变压器的经济运行和一次投资得到的负荷率。

3）两台变压器互为备用时，当一台变压器故障或检修时，另一台变压器的容量应能满足向所有一、二级负荷供电的要求。

4）变压器容量应能保证电动机的起动要求，否则应对电动机采取降压起动措施再提高变压器容量。一般来讲，直接起动的笼型电动机最大容量不应超过变压器容量的 30%。

3. 主变压器选择方式

光伏发电系统中常用三相油浸式变压器。按《油浸式电力变压器技术参数和要求》GB/T 6451—2015、《干式电力变压器技术参数和要求》GB/T 10228—2015、《三相配电变压器能效限定值及节能评价值》GB 20052—2013、《电力变压器能效限定值及能效等级标准》GB 24790—2009 的参数选择。

光伏电站升压站主变压器应按下列原则选择。

1）应优先选用自冷式、低损耗变压器。

2）当无励磁调压变压器无法满足光伏发电系统调压要求时，应采用有载调压变压器。

3）主变压器容量可按光伏电站的最大连续输出容量进行选取，且宜选用标准容量。

4. 光伏电池方阵内就地升压变压器选配方法

在大型集中并网光伏发电系统，通常以 1MW 为单元进行就地升压，选用的升压设备为升压箱式变电站，如图 5-27 所示。具体选配方法如下。

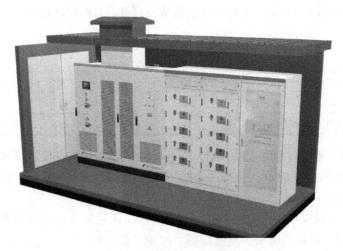

图 5-27　升压箱式变电站

1）应优先选用自冷式、低损耗变压器。

2）升压变压器容量可按光伏电池方阵单元模块最大输出功率选取。

3）可选用高压/低压预装式箱式变电站或由变压器与高低压电气元件等组成的敞开式设备。对于在沿海或风沙大的地区的光伏电站，当采用户外布置时，沿海的防护等级应达到 IP65，风沙大的光伏电站防护等级应达到 IP54。

4）就地升压变压器可采用双绕组变压器或分裂变压器。

5）就地升压变压器宜选用无励磁调压变压器。

5.5 光伏电站线缆

5.5.1 光伏电缆认知

【任务说明】

在光伏发电系统中，电力线缆主要用到直流电缆和交流电缆，其中组件间串联电缆和组串间并联的直流电缆占据了一半以上的电缆量，经逆变器后使用的为交流电缆。本节主要学习光伏电缆特性。

【任务实施】

光伏发电的电缆选择遵循电缆选择的一般要求，即按照电压等级、满足持续工作允许的电流、短路热稳定性、允许电压降、经济电流密度及敷设环境条件等因素进行选型；同时光伏发电又具有自身的特点，光伏发电系统常常会在恶劣环境条件下使用，如高温、寒冷和紫外线辐射等。所以光伏发电系统中电缆的选择需考虑电缆的绝缘性能、电缆的耐热阻燃性能、电缆的防潮和防光（抗辐射）性能、电缆的敷设方式、电缆导体的材料（铜芯、铝芯）、电缆截面等因素。

光伏发电系统电缆按照光伏发电系统的不同分为直流电缆和交流电缆。

1. 直流电缆

光伏发电系统中，直流电缆使用在如下部分。

1）组件与组件之间的串联电缆。

2）组串（组件阵列）之间至直流配电箱（汇流箱）之间的并联电缆。

3）直流配电箱至逆变器之间电缆。

上述电缆均为直流电缆，户外敷设较多，需防潮、防暴晒、耐寒、耐热、抗紫外线，某些特殊的环境下还需防酸碱等化学物质。其中组件与组件之间的连接电缆通常与组件成套供应。

2. 交流电缆

光伏发电系统中，交流电缆使用在如下部分。

1）逆变器至升压变压器的连接电缆。

2）升压变压器至配电装置的连接电缆。

3）配电装置至电网或用户的连接电缆。

此部分电缆为交流负荷电缆，户内环境敷设较多，可按照一般电力电缆选型要求选择。

光伏发电系统中大量的直流电缆需户外敷设，环境条件恶劣，其电缆材料应根据抗紫外线、臭氧、剧烈温度变化和化学侵蚀情况而定。普通材质电缆在该种环境下长期使用，将导致电缆护套易碎，甚至会分解电缆绝缘层。这些情况会直接损坏电缆系统，同时也会增大电缆短路的风险，从中长期看，发生火灾或人员伤害的可能性也更高，大大影响系统的使用寿命。

3. 光伏发电系统电缆导体材料的选择

光伏发电使用的直流电缆多数情况下为户外长期工作，受施工条件的限制，电缆连接多采用接插件。电缆导体材料可分为铜芯和铝芯。铜芯电缆的抗氧化能力比铝芯电缆要好，具有寿命长、稳定性能高、压降小和电量损耗小的特点。在施工上由于铜芯柔性好，允许的弯度半径小，所以拐弯方便，穿管容易；而且铜芯抗疲劳性能高、反复折弯不易断裂，所以接线方便；同时铜芯的机械强度高，能承受较大的机械拉力，给施工敷设带来很大便利，也为机械化施工创造了条件。相反铝芯电缆，由于铝材的化学特性，安装接头易出现氧化现象（电化学反应），特别是容易发生蠕变现象，易导致故障的发生。另外根据 IEC287 进行计算，在同等敷设条件下，要想获得同样的载流量，铝的截面要大两档，这样导致电缆敷设通道增大，有可能要采取专用敷设通道，增加投资成本。因此，铜芯电缆在光伏发电系统中，特别是直埋敷设电缆供电领域，具有突出的优势。

4. 电缆绝缘护套的选择

直流回路在运行中常常受到多种不利因素的影响而造成接地，使得系统不能正常运行。如挤压、电缆制造不良、绝缘材料不合格、绝缘性能低、直流系统绝缘老化或存在某些损伤缺陷均可引起接地或成为接地隐患。另外户外环境小动物侵入或撕咬也会造成直流接地故障。所以直流电缆必须采用具有耐挤压、耐紫外线、耐臭氧侵蚀，耐高温的绝缘材料作为护套。

5.5.2 光伏电缆选配

【任务说明】

在光伏发电系统中，电缆种类主要有光伏专用电缆、动力电缆、控制电缆、通信电缆、射频电缆等。电缆截面的选择应满足允许温升、电压损失、机械强度等要求，直流系统电缆按电缆长期允许载流量选择，并按电缆允许压降校验。本节主要学习各类电缆的选配方法。

【任务实施】

1. 光伏发电系统电缆种类选择

（1）光伏专用电缆：PV1-F 1 × 4mm²

组串到汇流箱的电缆一般用光伏专用电缆 PV1-F 1 × 4mm²。

特点：光伏专用电缆结构简单，其使用的聚烯烃绝缘材料具有良好的耐热、耐寒、耐油、耐紫外线性能，可在恶劣的环境条件下使用，具备一定的机械强度。

敷设：穿管加以保护，利用组件支架作为电缆敷设的通道和固定支架，降低环境因素的影响。

（2）动力电缆：ZRC-YJV22

钢带铠装阻燃交联电缆 ZRC-YJV22 广泛用于汇流箱到直流柜、直流柜到逆变器、逆变器到变压器、变压器到配电装置、配电装置到电网等的连接电缆。

光伏发电系统中比较常见的 ZRC-YJV22 电缆标称截面有：2.5mm²、4mm²、6mm²、10mm²、16mm²、25mm²、35mm²、50mm²、70mm²、95mm²、120mm²、150mm²、185mm²、240mm²、300mm²。其特点如下。

1）质地较硬，耐温等级90℃，使用方便，具有介损小、耐化学腐蚀性高和敷设不受落差限制的特点。

2）具有较高机械强度，耐环境应力好，良好的耐热老化性能和电气性能。

敷设：可直埋，适用于固定敷设，适应不同敷设环境（如地下、水中、沟管及隧道等）的需要。

（3）动力电缆：NH-VV

NH-VV 铜芯聚氯乙烯绝缘聚氯乙烯护套耐火电力电缆，适合于额定电压 0.6~1kV。

特点：长期允许工作温度为 80℃。敷设时允许的弯曲半径要求单芯电缆不小于 20 倍电缆外径，多芯电缆不小于 12 倍电缆外径。电缆在敷设时环境温度不低于 0℃ 的条件下，无须预先加热。电压敷设不受落差限制。

敷设：适合于有耐火要求的场合，可敷设在室内、隧道及沟管中。注意不能承受机械外力的作用，可直接埋地敷设。

（4）控制电缆：ZRC-KVVP

ZRC-KVVP 铜芯聚氯乙烯绝缘聚氯乙烯护套编织屏蔽控制电缆，适用于交流额定电压 450/750V 及以下控制、监控回路及保护线路。

特点：长期允许工作温度为 70℃，最小弯曲半径不小于外径的 6 倍。

敷设：一般敷设在室内、电缆沟、管道等要求屏蔽、阻燃的固定场所。

（5）通信电缆：DJYVRP2-22

DJYVRP2-22 是计算机专用软电缆，适用于额定电压 500V 及以下对于防干扰要求较高的电子计算机和自动化控制连接电缆。

特点：具有抗氧化性，绝缘电阻高，耐电压好，介电常数小。在确保使用寿命的同时，还能减少回路间的相互串扰和外部干扰，信号传输质量高。最小弯曲半径不小于电缆外径的 12 倍。

敷设：电缆允许在环境温度 -40~50℃ 的条件下固定敷设使用，敷设于室内、电缆沟、管道等要求静电屏蔽的场所。

（6）通信电缆：RVVP

通信电缆 RVVP 又叫作电气连接抗干扰软电缆，是适用于报警、安防等需防干扰、安全高效传输数据的通信电缆。

特点：额定工作电压 3.6~6kV，电缆导线的长期允许工作温度为 90℃，最小允许弯曲半径为电缆外径的 6 倍。主要用来做通信电缆，起到抗干扰的作用。

敷设：RVVP 电缆不能在日光下暴晒，地线芯必须良好接地。如需抑制电气干扰强度的弱电回路通信电缆，应敷设于钢制管、盒中。与电力电缆平行敷设时的间距应满足规范要求，宜在可能的范围内远离。

（7）射频电缆：SYV

射频电缆 SYV 为实心聚乙烯绝缘聚氯乙烯护套射频同轴电缆，用于视频信号传输。

特点：监控中常用的视频线主要是 SYV75-3 和 SYV75-5 两种，如果要传输视频信号在 200m 内可用 SYV75-3，如果在 350m 范围内则可用 SYV75-5。

敷设：可穿管敷设。

各电缆外观如图 5-28 所示。

2. 光伏电缆种类选择

电缆产品型号中各部分代号及其含义见表 5-5。

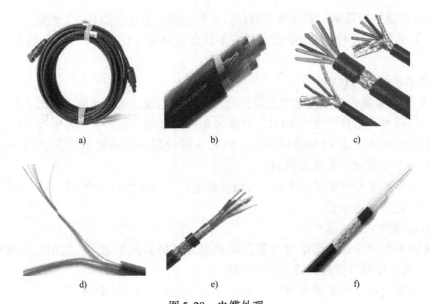

图 5-28　电缆外观

a) 光伏专用电缆　b) 动力电缆　c) 控制电缆　d) 通信电缆 DJYVRP2-22
e) 通信电缆 RVVP　f) 射频电缆 SYV

表 5-5　电缆型号

符号	含　义	符号	含　义	符号	含　义
A	安装线缆	X	橡胶	P	屏蔽
B	布电线	VZ	阻燃聚氯乙烯	R	软线
K	控制	B	聚丙烯	S	双绞，射频
F	氟塑料	V	聚氯乙烯	B	平行（即扁的）
J	交联	L	铝	B	编织套
SB	无线电装置用线	H	橡胶套	D	不滴流
WDZ	无卤低烟阻燃型	Y	聚乙烯	T	特种
F	分相	ZR	阻燃	W	耐气候、耐油

3. 光伏发电系统电缆截面分析与选型

电缆截面的选择应满足允许温升、电压损失、机械强度等要求，直流系统电缆按电缆长期允许载流量进行选择，并按电缆允许压降校验，计算公式如下。

按电缆长期允许载流量：

$$I_{pc} \geq I_{cal}$$

按回路允许电压降：

$$S_{cac} = P \times 2L \times I_{ca} / \Delta U_p$$

式中，I_{pc} 为电缆允许载流量，单位为 A；I_{ca} 为计算电流，单位为 A；I_{cal} 为回路长期工作计算电流，单位为 A；S_{cac} 为电缆计算截面积，单位为 mm^2；P 为电阻系数，铜导体 P 值为 $0.0184\Omega \cdot mm^2/m$，铝导体 P 值为 $0.0315\Omega \cdot mm^2/m$；$L$ 为电缆长度，单位为 m；ΔU_p 为回路允许电压降，单位为 V。

例如，有一个组件容量为 500kW 的光伏发电系统，其采用的组件标称电流为 8A，额定工作电压为 30V，20 块组件串联组成一条组串支路，汇流箱规格为 12 进 1 出，500kWp 三相逆变器标称电压为270V，变压器的规格为500kVA，升压至10kV电网。这个光伏发电系统电缆选型规格如下。

1）组串到汇流箱电缆：每条组串的电流为每块组件标称电流8A，可采用PV1-F 1×4mm² 电缆。

2）汇流箱到直流柜电缆：汇流箱采用12进1出规格，汇流箱直流输出电流为8A×12 = 96A，可采用ZRC-YJV22 2×50mm² 电缆。

3）直流柜到逆变器电缆：汇流箱输入到逆变器的直流电压为30V×20 = 600V（额定工作电压为30V，20块组件串联）；500kW的组件方阵通过汇流箱和直流配电柜汇流后总电流值为500kW/600V = 833A，可采用4×300mm² 或6×185mm² 的电缆。

4）逆变器到变压器电缆：根据 $P_逆 = \sqrt{3} \times I_0 \times U_0$，其中 $P_逆$ 为逆变器功率（500kW），I_0 为逆变器输出电流，U_0 逆变器输出电压（270V）。逆变器输出到变压器的电流值 $I_0 = \dfrac{500\text{kW}}{\sqrt{3} \times 270\text{V}} = 1068\text{A}$，可采用ZRC-YJV22 6×300mm² 或9×185mm² 电缆。

5）变压器输出电缆：根据 $P_变 = \sqrt{3} \times I_变 \times U_变$，变压器输出电流 $I_变 = \dfrac{P_变}{\sqrt{3} \times U_变} = 28.9\text{A}$，可采用ZRC-YJV22 3×25mm² 电缆。

注意：电缆的载流量受敷设方式及周围环境影响较大，电缆的电压降受电缆长度的影响较大，所以载流量可以认为是电缆长期运行绝不可能超过的值，最好按电缆载流量的70% ~ 80%来选择电缆才能有效地保证线路的温升及电压降。

4. 电缆选择与敷设总体要求

1）光伏发电站电缆选择与敷设，应符合现行国家标准《电力工程电缆设计规范》GB 50217—2018 的规定，电缆截面积应进行技术经济比较后选择确定。

2）集中敷设与沟道、槽盒中的电缆宜选用 C 类阻燃电缆。

3）光伏电池组件之间及组件与汇流箱之间的电缆应有固定措施和防晒措施。

4）电缆敷设可采用直埋、电缆沟、电缆桥架、电缆线槽等方式，动力电缆和控制电缆宜分开敷设。

5）电缆沟不得作为排水通道使用。

6）远距离传输时，网络通信电缆宜采用光纤电缆。

图 5-29 为光伏电站电缆沟敷设方式。

图 5-29 电缆沟敷设

5.6 光伏接地防雷系统

5.6.1 雷电对光伏系统危害

【任务说明】

雷电对光伏发电系统设备的影响，主要有直击雷、雷电感应和雷电波侵入 3 种方式对设备造成破坏，在光伏发电系统设计时，应当分别对其加以防范。本节主要认识雷电对光伏发电系统的危害性。

【任务实施】

1. 直击雷

直击雷是带电积云与地面目标之间的强烈放电。雷电直接击在受害物上，产生电效应、热效应和机械力，从而对设施或设备造成破坏，对人畜造成伤害。

直击雷的电压峰值通常可达几万伏甚至几百万伏，电流峰值可达几十千安乃至几百千安，其破坏性之所以很强，主要是由于雷云所蕴藏的能量在极短的时间（其持续时间通常只有几微秒到几百微秒）就能释放出来，从瞬间功率来讲，是巨大的。

2. 雷电感应

雷电感应也叫感应雷，感应雷的能量远小于直击雷，但感应雷发生的可能性远大于直击雷。感应雷分为由静电感应形成的雷和由电磁感应形成的雷两种。

1）静电感应雷：当雷云来临时地面上的一切物体，尤其是导体，由于静电感应，都聚集起大量的与雷电极性相反的束缚电荷，在雷云对地或对另一雷云闪击放电后，束缚电荷就变成了自由电荷，从而产生很高的静电电压（感应电压），其过电压幅值可达几万到几十万伏，这种过电压往往会造成建筑物内的导线、接地不良的金属物导体和大型的金属设备放电。

2）电磁感应雷：雷电放电时，由于雷电流的变化率大而在雷电流的通道附近产生迅速变化的强磁场。这种迅速变化的磁场能在邻近的导体上感应出很高的电动势。

感应雷沿导体传播，损坏电路中的设备或设备中的器件。光伏发电系统中电缆多、线路长，给感应雷的产生、耦合和传播提供了良好的环境，而光伏发电系统设备随着科技的发展，智能化程度越来越高，低压电路和集成电路也用得很普遍，抗过电压能力越来越差，极易受雷击电磁脉冲（LEMP）的袭击，并且损害的往往都是集成度较高的系统核心器件，所以更不能掉以轻心。

由于感应雷可以来自云中放电，也可以来自对地雷击；而光伏发电系统与外界连接有各种长距离电缆可在更大范围内产生感应雷，并沿电缆传入机房和设备。所以防感应雷是光伏发电系统防雷的重点。

3. 雷电波侵入

当架空线路或埋地较浅的金属管道、线缆，直接受到雷击或因附近落雷而感应出高电压时，感应过电压会产生脉冲浪涌，如果大量的电荷不能中途迅速入地，就会形成雷电冲击波沿导线或管道传播。这个传导过电压会影响或破坏很大范围内与之连接的设备。

5.6.2 光伏发电系统直击雷防范

【任务说明】

在光伏发电系统中，光伏方阵、控制器和逆变器等一些设备，线缆较长，容易遭受雷电感应和雷电波的侵袭。为了使光伏电站能够安全、稳定地运行，必须为系统提供防雷接地装置。本节主要学习直击雷防范措施。

【任务实施】

1. 光伏发电系统直击雷防范措施

在防范直击雷时，一般宜采用抑制型或屏蔽型的直击雷保护措施，如安装接闪器，以减小直击雷击中的概率，并尽量采用多根均匀布置的引下线。因为多根引下线的分流作用可降低引下线沿线压降，减少侧击的危险，并使引下线泄流产生的磁场强度减小。另外，引下线的均匀布置可部分抵消由引下线泄流所产生的建筑物内的电磁场，以抑制感应雷的强度。

接地体可采用环形地网，引下线宜连接在环形地网的四周，这样有利于雷电流的散流和内部电位的均衡。

2. 避雷针直击雷防范设计

（1）避雷针工作原理

由于雷云中向下先导趋向地面，同时使地面物体中电晕放电所引起的电离加剧，从而在某些地面物体上产生一个向上的先导，安装在比其他物体高得多的避雷针正是利用自身产生的向上先导来改变雷云向下先导的走向，将落雷点引到自己身上，达到保护比它矮的物体不易遭受雷击。避雷针由接闪器、引下线与接地装置组成。

1）接闪器：一般采用镀锌圆钢或镀锌焊接钢管制成。长度在 1.5m 以上时，圆钢直径不得小于 10mm；钢管直径不得小于 20mm，管壁厚度不得小于 2.75mm。在有污染或腐蚀性较强的场所，接闪器尺寸应适当加大或采取其他的防腐措施，如用铜或不锈钢制作。长度超过 3m 时，需要用几节不同直径的钢管组合起来。接闪器如图 5-30 所示。

图 5-30　接闪器

2）引下线（接地线）：将接闪器或金属设备与接地装置连接起来。在正常情况下不载流。雷击时，将雷电流传送到接地装置。一般采用圆钢或扁钢，宜优先采用圆钢。采用圆钢，直径不得小于 8mm；若采用扁钢，厚度不得小于 4mm，截面积不得小于 48mm²

（即 $4 \times 12mm^2$）。

布线要求：一般沿外墙，最短路径接地；多引下线应作等电位连接；在离地面 1.8m 以内设置断接卡子（便于测量接地体的接地电阻值）；避开人容易触碰的地方；在有污染或腐蚀性较强的场所，应采取防腐措施。

特殊情况暗敷时应加大引下线尺寸，截面积不得小于 $80mm^2$。

3）接地装置：埋设在地下直接与大地接触作散流的金属导体。若接地装置采用垂直埋设，一般宜用角钢、钢管或圆钢等。若采用水平埋设时，一般采用扁钢或圆钢。

接地电阻一般要求小于 10Ω，对土壤电阻率较高的地区，可以酌情放宽一些，但要求小于 30Ω。

（2）单支避雷针保护范围计算——滚球法

滚球法是一种几何模拟法，其滚球半径按我国防雷规范标准有 30m、45m、60m 3 个规定值（见表 5-6），当球体同时触及接闪器（或作为接闪器的金属物）和地面（或能承受雷击的金属物）的情况下，未触及的部分即规定为绕击率 0.1% 时接闪器的保护范围。

表 5-6　滚球法防雷规范标准

建筑物的防雷类别	滚球半径 h_r/m	避雷网格尺寸/m
第一类防雷建筑物	30	≤5×5 或≤6×4
第二类防雷建筑物	45	≤10×10 或≤12×8
第三类防雷建筑物	60	≤20×20 或≤24×16

滚球法的计算原理是以 h_r 为半径的一个球体，沿着需要防范直击雷的部位滚动，当球体只触及接闪器（包括被用作接闪器的金属物）或只触及接闪器和地面（包括与大地接触并能承受雷击的金属物），而不触及需要保护的部位时，则该部分就得到接闪器的保护范围，分析原理如图 5-31 所示。

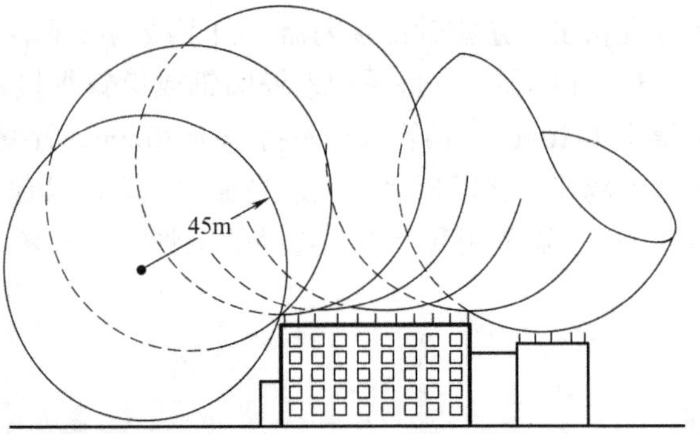

当避雷针的高度 $h \leqslant h_r$（滚球半径）时，保护范围分析过程如下。

图 5-31　滚球法原理示意图

1）距地面处作平行于地面的平行线。

2）以针尖为圆心，h_r 为半径，作弧线交于平行线 A、B 两点。

3）分别以 A、B 为圆心、h_r 为半径作弧线，该弧线与针尖相交并与地面相切。以此弧线绕中心轴旋转在地面上形成的锥体就是保护范围，如图 5-32 所示。

避雷针在地平面上保护半径 $r_0 = \sqrt{h(2h_r - h)}$，那么，避雷针在 h_x 高度的平面上保护半径：$r_x = \sqrt{h(2h_r - h)} - \sqrt{h_x(2h_r - h_x)} = r_0 - \sqrt{h_x(2h_r - h_x)}$。

当 $h \geqslant h_r$ 时，在避雷针上取高度为 h_r 的一点代替单根避雷针的针尖，即等效高度为 h_r 的单根避雷针来分析。

例如，第二类防雷建筑物，滚球半径为 45m，若避雷针离地高度分别为 45m 和 8m，计算单支避雷针的保护范围。

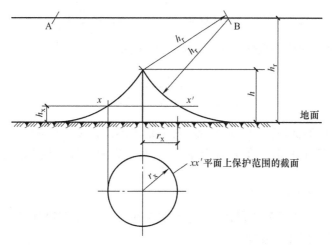

图 5-32　单支避雷针的保护范围

解：若避雷针的高度为 45m，代入公式得避雷针在地面上的保护半径为 45m；若避雷针的高度为 8m，代入公式得避雷针在地面上的保护半径为 25.6m。

（3）双支等高避雷针保护范围计算

双支避雷针之间的保护范围是按照两个滚球在地面从两侧滚向避雷针，并与其接触后两球体的相交线而得出的，原理如图 5-33 所示。

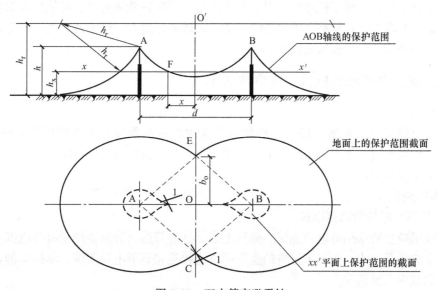

图 5-33　双支等高避雷针

在避雷针高度 h 小于或等于滚球半径 h_r 时，当两支避雷针的距离 $d \geqslant 2\sqrt{h(2h_r - h)}$ 时，应按单支避雷针的方法确定。

当 $d < 2\sqrt{h(2h_r - h)}$ 时，应按下列方法确定：AEBC 外侧的保护范围，按照单支避雷针的方法确定；C、E 点位于两针间的垂直平分线上。在地面每侧的最小保护宽度 b_0 按下式计算：

$$b_o = CO = EO = \sqrt{h(2h_r - h) - \left(\frac{d}{2}\right)^2}$$

在 AOB 轴线上，距中心线任一距离 x 处，其在保护范围上边线上的保护高度 h_x 按下式确定：

$$h_x = h_r - \sqrt{(h_r - h)^2 + \left(\frac{d}{2}\right)^2 - x^2}$$

两针间 AEBC 内的保护范围，ACO 部分的保护范围按以下方法确定：在任一保护高度 h_x 和 C 点所处的垂直平面上，在 F 点上以 h_x 作为假想避雷针，按单支避雷针的方法逐点确定。

（4）多根避雷针防护

当光伏方阵大，双支等高避雷针不能有效防护时，可采用多根避雷针作为接闪器。

（5）避雷线与避雷针的组合

当光伏电池方阵场地比较大时，利用避雷针不能有效防护时，可采用避雷线作为接闪器。避雷线相互连通组成架空网并很好接地，引下线也可以作为接闪器的一部分。在架空网下是保护区，光伏电池方阵与架空网间应有一定安全距离，以保证防雷效果。

当光伏电池方阵很大时，在屋顶安装较高的避雷针成本较高、施工较难。考虑到实际情况，接闪器可以采用以下形式：先在屋顶四周布设避雷带，然后在屋顶中间根据屋顶形状组合安装避雷线和适当高度的避雷针。用相应的滚球半径来确定接闪器的保护范围。

防雷等级越高，滚球半径越小，保护范围越小，但保护效果越好，可能进入保护区击中被保护建筑物的雷电流就越小。防雷等级越低，滚球半径越大，保护范围大，但保护效果较差，实际保护范围线是一近似圆弧线。

5.6.3 光伏发电系统感应雷、雷电波防范

【任务说明】

由于雷电波（雷电浪涌）侵入造成控制机房内的控制器或逆变器遭损坏的概率最大，所以必须对雷电波侵入进行防护。本节主要学习感应雷、雷电波防范措施，以及光伏发电系统浪涌过电压保护措施。

【任务实施】

1. 光伏系统感应雷防范措施

防雷电感应主要采用等电位连接。原则上说，从外部进入建筑物的所有导电部件都必须接入等电位连接系统中，所有不带电的金属部件直接连接到等电位系统。不带电的金属部件分为室外和室内两种情况。

处于室外的光伏电池阵列四周铝合金框架与支架、接地线等要可靠连接，使其形成一个相等的电位，以防遭到雷电感应侵袭。处于控制机房内的全部金属物品，包括各种设备、机架、金属管道及电缆的金属外皮都要可靠接地，每件金属物品都要单独接到接地干线，不允许串接后再接到接地干线上。

带电部件（如电缆）则通过安装浪涌保护器间接接入等电位连接系统。等电位连接最好在建筑物入口附近执行，以防部分雷电流侵入建筑物。低电压供电系统可用多极复合型雷电流和浪涌保护器保护。

2. 光伏发电系统雷电波防范措施

光伏发电系统的雷电浪涌入侵路径除了光伏电池阵列到机房的引入线外，还有配电线路、接地线以及架空进入室内的金属管道和电缆等。从接地线侵入是由于附近的雷击使大地电位上升，使得大地电位比电源高，从而产生从接地线向电源侧的反向电流。

光伏电池阵列到机房的引入线是雷电波侵入的主要途径。为此，可以采取多级防护措施进行保护。在光伏电池阵列的主回路内分散安装避雷元件，在接线箱内也安装避雷元件；保证接线箱与控制柜间距大于10m；在光伏电池阵列和逆变器之间的每根引入线上加装防雷器；在控制器、逆变器内安装防雷元器件；在逆变器与配电柜之间安装低压阀式避雷器或浪涌保护器。

对从低压配电线侵入的雷电浪涌，通过安装在配电柜中的避雷元件应付。在雷雨多发的地域，在交流电源侧安装耐雷变压器更加安全。对供电线路、传输电缆和架空线路，可在线路上安装金属氧化物避雷器，要在每条回路的火线和零线上装设。对架空进入室内的金属管道和电缆的金属外皮要将它们在入口处可靠接地，冲击接地电阻值不得大于30Ω。接地最好采用焊接的方式，若做不到焊接也可采用螺栓连接。

3. 光伏发电系统浪涌过电压保护

（1）简易型独立光伏发电系统的浪涌过电压保护

简易型光伏发电系统以其供电稳定可靠、安装方便、操作维护简单等特点，已得到越来越广泛的应用。该发电系统多用于城市独立的照明系统、高速公路路牌指示系统中。对于这种简易光伏发电系统的防雷做如下处理。

1）在设备的外部做简易避雷装置，以保护光伏电池组件及用电设备不被直接雷击中。

2）对设备与光伏电池组件之间的供电线路加装避雷器，型号根据直流负载的工作电压选择。

3）避雷装置的引下线以及避雷器的接地线都必须有良好的接地，以达到快速泄流的目的。

（2）复杂型独立光伏发电系统的浪涌过电压保护

在复杂型独立光伏发电系统中，光伏电池方阵产生的电流经蓄电池存储，并通过逆变器将直流电转换成交流电。复杂型独立光伏发电系统多用于智能建筑物、别墅、工业厂房建筑物。其防雷保护措施为：在光伏电池组件和逆变器之间加装第一级防雷器A，型号根据现场逆变器最大空载电压选择；在逆变器与配电柜之间以及配电柜与负载设备之间加装第二级防雷器B，型号根据配电柜以及供电设备的工作电压选择；所有的防雷器必须有良好的接地。

（3）并网型光伏发电系统的浪涌过电压保护

并网光伏发电系统将太阳能转化为电能，并直接通过并网逆变器把电能送上电网，或将太阳能所发出的电经过并网逆变器直接为交流负载供电。对于并网型光伏发电系统的防雷保护，采用如下的方式。

1）在光伏电池组件与逆变器或电源调节器之间加装第一级电源防雷器A进行保护。这是供电线路从室外进入室内的要道，所以必须做好雷电电磁脉冲的防护。具体型号根据现场情况确定。

2）在逆变器到配电柜之间加装第二级电源防雷器B进行防护，具体型号根据现场情况确定。

3）在配电柜与负载之间加装第三级电源防雷器C，以保护负载设备不被浪涌过电压损坏，具体型号根据现场设备确定。

4）所有的防雷器都必须良好地进行接地处理，并且所有设备的接地都要连接到公共地网上。

5.6.4 浪涌保护器选择

【任务说明】

浪涌保护器是为电子设备、仪器仪表、通信线路提供安全防护的电子装置。当电气回路或者通信线路中因为外界的干扰突然产生尖峰电流或者电压时，浪涌保护器能在极短的时间内导通分流，从而避免浪涌对回路中其他设备的损害。本节主要学习浪涌保护器的特性及选用方法。

【任务实施】

1. 浪涌保护器认识

光伏发电系统常用浪涌保护器（Surge Protection Device，SPD）外形如图 5-34 所示。浪涌保护器内部主要由热感断路器和金属氧化物压敏电阻组成，另外还可以根据需要同 NPE 火花间隙模块配合使用，其结构示意图如图 5-35 所示。

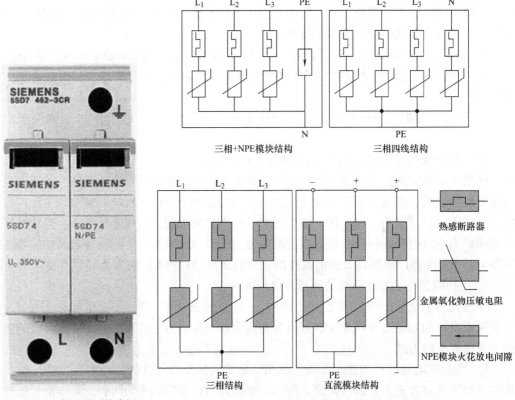

图 5-34　光伏发电系统常用　　　　图 5-35　浪涌保护器内部结构示意图
　　　　浪涌保护器外形图

下面是光伏发电系统常用浪涌保护器的主要技术参数，具体见表5-7。

表 5-7　OBO 浪涌保护器型号参数

型　号	MC 125-B/NPE
标称电压 U_N	230V/50～60Hz
最大持续工作电压 U_C/V	255
浪涌保护器等级–按照 DIN VDE 0675 PART6(Draft 11.89)A1，A2 　　　　　　–按照 IEC 60643-1	B 类 I 类
雷电保护区	0→1
绝缘电阻/MΩ	>100
电压保护水平/kV	<2
响应时间/ns	<100
脉冲电流测试（10/350μs）–根据 IEC62305-1 规定的雷电流参数峰值电流/kA	50
电荷/C	25
比量/(MJ/Ω)	0.63
最大串联熔断器（仅在电网中无此熔断器时需要）	500A
短路耐受能力/kA	25
温度适用范围/℃	–40～85
空气湿度	≤95%
IP 等级	IP20
连接线截面积单股/多股/多股软线/mm² 紧固扭矩至少4N·m	10～50/10～35/10～25 AWG8-2
轮廓尺寸/(长/mm×宽/mm×高/mm)	100×49.5×35
安装	卡接在 35mm 导轨上

1）最大持续工作电压（U_e）：该电压值表示可允许加在浪涌保护器两端的最大工频交流电压有效值。在这个电压下，浪涌保护器必须能够正常工作，不可出现故障。同时该电压连续加载在浪涌保护器上，不会改变浪涌保护器的工作特性。

2）额定电压（U_n）：是指浪涌保护器正常工作下的电压。这个电压可以用直流电压表示，也可以用正弦交流电压的有效值来表示。

3）最大冲击通流量（I_{max}）：是指浪涌保护器在不发生实质性破坏的前提下，每线或单模块对地，通过规定次数、规定波形的最大限度的电流峰值数。最大冲击通流量一般大于额定放电电流的2.5倍。

4）额定放电电流（I_n）：额定放电电流也叫标称放电电流，是指浪涌保护器所能承受的8/20μs雷电流波形的电流峰值。

5）脉冲冲击电流（I_{imp}）：是指在模拟自然界直接雷击的波形电流（标准的10/350μs雷电流模拟波形）下，浪涌保护器能承受的雷电流的多次冲击而不发生损坏的电流值。

6）残压（U_{res}）：是指雷电放电电流通过浪涌保护器时，其端子间呈现出的电压值。

7）额定频率（f_n）：是指浪涌保护器的正常工作频率。

在浪涌保护器的具体选型时，除了以上各项技术参数要符合设计要求外，还要特别考虑下列几个参数和功能的选择。

（1）最大持续工作电压（U_c）的选择

氧化锌压敏电阻浪涌保护器的最大持续工作电压值（U_c）是关系到浪涌保护器运行稳定性的关键参数。在选择浪涌保护器的最大持续工作电压值时，除了符合相关标准要求外，还应考虑到安装电网可能出现的正常波动及可能出现的最高持续故障电压。例如在三相交流电源系统中，相线对地线的最高持续故障电压，有可能达到额定工作电压（AC 220V）的1.5倍，即有可能达到330V。因此在电流不稳定的地方，建议选择电源浪涌保护器的最大持续工作电压值大于330V的模块。在直流电源系统中，最大持续工作电压值与正常工作电压的比例，根据经验一般取1.5倍到2倍。

（2）残压（U_{res}）的选择

在确定选择浪涌保护器的残压时，单纯考虑残压值越低越好并不全面，并且容易引起误导。首先不同产品标注的残压数值，必须注明测试电流的大小和波形，才能有一个共同比较的基础。一般都是以20kA（8/201μs）的测试电流条件下记录的残压值作为浪涌保护器的标称值，并进行比较。其次，对于压敏电阻浪涌保护器选用残压越低时，将意味着最大持续工作电压也越低。因此，过分强调低残压，需要付出降低最大持续工作电压的代价，其后果是在电压不稳定地区，浪涌保护器容易因长时间持续过电压而频繁损坏。

在压敏电阻型浪涌保护器中，选择合适的最大持续工作电压和合适的残压值，就如同天平的两侧，不可倾向任何一边。根据经验，残压在2kV以下（20kA、8/20μs），就能对用户设备提供足够的保护。

（3）报警功能的选择

为了监测浪涌保护器的运行状态，当浪涌保护器出现损坏时，能够通知用户及时更换损坏的浪涌保护器模块，浪涌保护器一般都附带各种方式的损坏指示和报警功能，以适应不同环境的要求。

1）窗口色块指示功能：该功能适合用在有人值守且天天巡查的场所。所谓窗口色块指示功能就是在每组浪涌保护器上都有一个指示窗口，浪涌保护器正常时，该窗口是绿色，当浪涌保护器损坏时，该窗口变为红色，提示用户及时更换。

2）声光信号报警功能：该功能适合用在有人值守的环境中。声光信号报警装置是用来检查防雷模块工作状况，并通过声光信号显示状态的。装有声光信号报警装置的浪涌保护器始终处于自检测状态，浪涌保护器模块一旦损坏，控制模块立刻发出一个高音高频报警声，监控模块上的状态显示灯由绿色变为闪烁的红色。当将损坏的模块更换后，状态显示灯显示为绿色，表示防雷模块正常工作，同时报警声音关闭。

3）远程通信报警功能：远程通信报警装置主要用于对安装在无人值守或难以检查位置的浪涌保护器进行集中监控。带远程通信功能的浪涌保护器都装有一个监控模块，持续不断检查所有被连接的防雷模块的工作状况，如果某个防雷模块出现故障，机械装置将向监控模块发出指令，使监控模块内的常开和常闭触点分别转换为常闭和常开，并将此故障开关信息发送到远程有相应显示或声音的装置上，触发这些装置工作。

4）远程通信及电压监控报警功能：远程通信及电压监控报警装置除了上述功能外，还能在浪涌保护器运行中对加载在浪涌保护器上的电压进行监控，当系统有任意的电源电压下降或浪涌保护器后备保护空气开关（或熔断器）动作以及浪涌保护器模块损坏等，远程通信系统均会立即记录并报告。该装置主要用于三相电源供电系统。

2. 选用和使用浪涌保护器注意事项

应在不同使用范围内选用不同性能的浪涌保护器。在选用电源浪涌保护器时要考虑当地的雷暴日、当地发电系统环境、是否有遭受雷电过电压损害的历史、是否有外部防雷保护系统以及设备的额定工作电压、最大工作电压等因素。

浪涌保护器的保护必须是多级的。例如对电子设备电源部分雷电保护而言，至少应采取泄流型浪涌保护器与限压型浪涌保护器或者是大通流量高电压保护水平限压型浪涌保护器与小通流量低电压保护水平限压型浪涌保护器，前后两级进行保护。

对于无人值守的光伏发电系统，应选用带有远程通信触点的电源浪涌保护器；对于有人值守的发电系统，可选用带有声光报警的电源浪涌保护器；所有选用的电源浪涌保护器都具有老化或损坏的视窗显示。电源浪涌保护器必须是并联在供电线路上，且浪涌保护器前加装相应的空气开关，以保证任何情况下光伏发电的供电线路不发生短路状况。在选用浪涌保护器时，应要求厂家提供相关浪涌保护器技术参数资料和安装指导意见。正确地安装才能达到预期的效果，浪涌保护器的安装应严格依据厂方提供的安装要求进行。同时厂家必须提供检测浪涌保护器是否损坏或老化的仪器设备，以便将已经老化或损坏的浪涌保护器从设备上拆除。浪涌保护器尽可能地采用凯文接线（V形接线）方式，以消除导线上的电压降。当无法做到凯文连接时，则引入线与引出线分开走线，并选择最短的路径，以避免导线上的电压降太高而损坏设备。浪涌保护器的接地线与其他线路分开铺设。地线泄放雷电流时产生的磁场强度较大，应分开50mm以上，避免其他线路感应过电压。

随着光伏并网发电产业的不断发展，对这一产业的技术要求也越来越高，形式也越来越多样化。科学防雷才能使光伏发电系统正常运转。防雷措施需根据所在地区的气象条件、建筑物和光伏电池方阵的特点进行综合考虑，这需做更多详细的工作。

5.6.5 接地系统

【任务说明】

接地是为了保证电力设备正常工作和人身安全所采取的一项安全用电措施，通过金属导线与接地装置连接来实现接地。接地装置能够将电力设备和其他生产设备上可能发生的漏电流、静电荷以及雷电流等引入地下，从而避免人身触电和可能发生的火灾、爆炸等事故。本节主要学习接地系统概念以及光伏发电接地系统。

【任务实施】

1. 接地的基本概念

当一根带电的导体与大地接触时，电流便从导体流入大地，并向四面八方流散。离带电导体越近，电流强度越大；离带电导体越远，电流强度越小。一般情况下，在带电导体20m以外，电流强度就很微弱，几乎没有电压降，这里就是电位上的0点，也就是电气上的"地"。

由此可知，带电导体虽然与大地接触，但接触点附近的电流强度还比较高，与电气上的"地"之间还有一定的电压降。如果这个电压降数值较大，当工作人员同时接触的两点（例如脚站地上，而手摸到有故障的电机外壳处）之间的电压在60V以上时，就会发生危险。因此，要求这一电压降不能过大。电压降 U_Z 与流入大地的电流 I_Z 的比值，叫作接地电阻

R_{Z}，即

$$R_{\mathrm{Z}} = \frac{U_{\mathrm{Z}}}{I_{\mathrm{Z}}}$$

当 I_{Z} 一定时，R_{Z} 越小，U_{Z} 也越小。为了降低电压降，应将光伏电站的接地电阻控制在一定数值以下，以保证人身安全。

2. 光伏接地系统

所有接地都要连接在一个接地体上，光伏发电系统的接地包括以下几个方面。

1）防雷接地：为了防止各种雷电所引起的雷电流损害，避雷针、避雷带（线）以及低压避雷器，连接架空线路的电缆金属外皮都必须可靠接地。

2）工作接地：为保证安全，逆变器的中性点、电压和电流互感器的二次绕组必须接地。

3）保护接地：为防止出现正常情况下不带电、而在绝缘材料损坏后或其他情况下可能带电的情况，光伏电池组件机架、控制器外壳、逆变器外壳、配电箱外壳、电缆外皮、穿线金属管道的外皮都必须接地。

4）屏蔽接地：为了防止电磁干扰而对电子设备所做的金属屏蔽必须接地。

直接雷击会产生数百千安的电流。雷电流被接闪器引入大地时，要经由引下线、接地体而分散入地。电流经接地装置进入大地是以半球面形状向大地散流的，离接地体 20m 处，半球表面积很大，该处的电位趋于 0，称为电气上的"地"。由于在接地体与"地"之间存在着散流电阻，在这些区域的不同点会有不同的电位，距离越近电压越高。室内直流负荷设备相对远端地一般都存在寄生电容，这些设备一端与工作接地相连，无流的远端地与工作接地间存在电位差，因而产生差模脉冲电压，当超过设备的容许限度时必然造成设备的损坏。单相交流负荷如空调、照明等设备的零线接在变压器的交流地上，当雷电流沿引下线对地泄放时，变压器的交流地和交流重复接地（零线的一处或多处用金属导线连线接地装置）的电位也会升高，因此单相交流设备也同样存在地电压反击的问题。

避免地电压反击可以使用交流过欠电压保护器和直流浪涌抑制器，即在交流变压器的低压侧、交流配电箱的地零间加装交流过欠电压保护器；在直流负载的电源输入端加装浪涌抑制器。所有交流过欠电压保护器和直流浪涌抑制器必须靠近被保护的设备安装，避免被保护设备由于接地或电源引线过长引起脉冲反射。

光伏电池方阵的金属支架每隔一段距离应连接至接地系统。光伏发电设备和建筑的接地系统通过导体相互连接。将各个接地系统相互连接起来可以显著降低总接地电阻。通过相互网状交织连接的接地系统可形成一个等电位面，能够显著减小雷电作用在光伏电池阵列和建筑间连接电缆上所产生的过电压。这样在闪电电流通过时，室内的所有设施立即形成一个"等电位岛"，保证导电部件间不产生有害的电位差，不发生旁侧闪络放电（绝缘子表面放电的现象）。

将防雷接地与其他接地分开，可以大大降低反击电压。防雷接地与其他接地在联合接地网上的引接点距离不应小于 5m，条件允许时距离宜为 10～15m。当然，降低接地电阻也有利于防止反击事故。

5.7 本章练习

1. 简述离网、并网逆变器的主要特点。
2. 简述逆变器的主要技术参数特点。
3. 简述光伏逆变器的分类及功能。
4. 简述光伏逆变器电路的构成及工作原理。
5. 简述单相推挽式逆变器的工作原理。
6. 什么是孤岛效应，单独运行检测方式有哪些？
7. 简述雷电对光伏发电系统的危害性。
8. 简述直击雷的防范措施。
9. 简述光伏发电系统的接地系统的组成及实施方法。
10. 简述光伏发电系统感应雷和雷电波的防范措施。
11. 在30m高建筑物顶（面积为20m×50m）架设通信天线，假设天线高4m，直径4m，假定建筑物本身已经达到防雷要求，试按二类防雷建筑物确定保护通信天线的避雷针高度。
12. 设一圆柱体二类防雷建筑物，高4m，直径5m，在距离建筑物3m处设一避雷针，求避雷针的高度。

项目6 典型光伏发电系统设计

【项目描述】

光伏发电系统按照光伏发电系统应用结构来分，分为独立光伏发电系统和并网光伏发电系统。根据并网光伏发电系统的建设容量、电能接入方式分为分布式光伏发电系统、集中并网光伏发电系统等。本项目主要学习独立光伏发电系统、分布式光伏发电系统、集中并网光伏发电系统的整体结构设计和设备选型。

【知识目标】

1. 掌握独立光伏发电系统容量设计及设备选型方法。

2. 掌握户用分布式光伏发电系统设计与设备选型方法；掌握 BIPV 光伏建筑一体化系统设计与设备选型方法。

3. 掌握集中并网光伏发电系统结构组成、系统设计方法及设备选型方法。

6.1 独立光伏发电系统设计

6.1.1 独立光伏发电系统容量设计

【任务说明】

某家用离网光伏发电系统负载用电明细见表 6-1。该地区最低的光照辐射是 1 月份，假设倾斜面峰值日照时数为 4.0，组件损耗系数为 0.9，离网逆变器工作效率为 0.8，蓄电池充放电效率为 0.9，蓄电池放电效率的修正系数为 1.05，蓄电池的维修保养率为 0.8，蓄电池的放电深度为 0.5，连续阴雨天数为 5。图 6-1 为本方案的系统结构图。要求根据需求进行离网光伏发电系统组件容量、蓄电池容量、光伏控制器等设备的选型与配置。

表 6-1 家用离网光伏发电系统负载用电明细

负载电器名称	耗电功率/W	数 量	每日工作时间/h	日耗电量/Wh
照明灯	11	8	6	528
计算机	150	2	8	2400
电冰箱	100	1	24	2400
洗衣机	550	1	1	550
微波炉	1000	1	2	2000
空调	1200	1	4	4800
卫星天线	50	1	6	300
彩色电视	150	1	6	900
水泵	400	1	2	800
总计	3838			11678

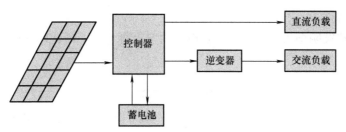

图 6-1　家用离网光伏发电系统结构图

【任务实施】

1. 电池组件容量设计

家用离网光伏发电系统负载为交流负载，每天消耗电能 11678Wh，则逆变器输入端提供电能为 14597.5Wh，系统电压选取 48V，所以蓄电池每天提供 304Ah。

根据：

$$电池组件并联数 = \frac{负载日平均用电量}{组件日平均发电量 \times 充电效率系数 \times 组件损耗系数 \times 逆变器效率系数}$$

$$电池组件串联数 = \frac{系统工作电压 \times 系数}{组件峰值工作电压}$$

式中，系数一般取 1.43。

可计算出表 6-2 所示的电池组件选型配置方法。

表6-2　电池组件选型配置方法

型　　号	功率/W	峰值电压/V	峰值电流/A	串　联　数	并　联　数	总功率/W
1	100	34.2	2.92	2	33	6600
2	125	34.2	3.65	2	26	6500
3	180	17.1	10.53	4	9	6480
4	245	34.2	7.16	2	14	6860
5	300	34.2	8.77	2	11	6600

可见，选择 180W 电池组件最经济。

电池方阵结构如图 6-2 所示。

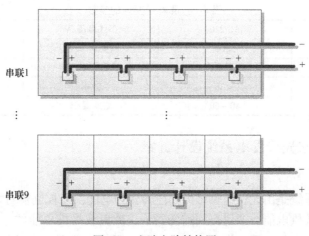

图 6-2　电池方阵结构图

2. 蓄电池容量选择

该地区最大连续阴雨天为 5 天，则蓄电池放电容量为 $304\text{Ah} \times 5 = 1520\text{Ah}$。

根据：

$$C = \frac{D \times F \times P_0}{L \times U \times K_a}$$

D 为最大连续阴雨天时数，P_0 为平均负荷容量，连续 5 天阴雨将消耗总能量为 $1520\text{Ah} \times 48\text{V}$（系统电压）$= 72960\text{Wh}$；$F$ 为蓄电池放电效率的修正系数，取 1.05；L 为蓄电池的维修保养率，取 0.8；U 为蓄电池的放电深度，取 0.5；K_a 为包括逆变器等交流回路的损耗率取 0.8。

可得：$C = 4987.5\text{Ah}$。表 6-3 为各类蓄电池选型配置情况。

表 6-3 蓄电池选型配置情况

电 池 类 型	额定电压/V	10h 放电容量/Ah	并 联 数	串 联 数
6GFM-800	12	870 ~ 900	4	6
6GFM-1000	12	1060 ~ 1090	4	5
6GFM-1500	12	1700 ~ 1720	4	3

3. 光伏控制器选型

根据上述分析，蓄电池通过控制器每天提供 304Ah，则平均流过控制器的电流为 12.7A，工作电压为 48V。可选择如表 6-4 所示参数的光伏控制器。

表 6-4 光伏控制器参数

额定工作电流/A	50	额定工作电压/V	48
太阳能板电压/V	<100	浮充电压/V	54.8
欠电压保护/V	42.8	欠电压恢复/V	50.4

4. 光伏逆变器选择

光伏发电系统离网逆变器输入电压 48V，输出 220V 交流电，从负载工作表可知，负载最大功率总和为 3838W。可以采用 48V 转 220V 的 5kW 纯正弦波光伏逆变器。表 6-5 为离网逆变器的参数。

表 6-5 离网逆变器的参数

输出电压/V	AC 220	工作电压/V	DC 48
功率/W	5000	瞬间功率/W	100000
输出波形	纯正弦波	输出频率/Hz	50/60
空载损耗/W	<28	效率	>90%
输入电压/V	40 ~ 60	熔断器/A	10

6.1.2 15kW 独立光伏发电系统设计方案

【任务说明】

独立光伏发电系统是由光伏组件将太阳能转化为电能，经控制器对蓄电池进行充放电管理，并给直流负载提供电能或通过离网逆变器给交流负载提供电能的一种新能源利用方式。它广泛应用于环境恶劣的高原、海岛、偏远山区及野外作业等，也可作为通信基站、广告、灯箱、路灯等的供电电源。本节主要学习独立光伏发电系统的设计及设备配置方法。

【任务实施】

1. 系统方案总体说明

(1) 项目地气候

假定该独立光伏发电系统建设在银川市，银川市的太阳总辐射在 40 年来呈逐渐减少的趋势，各月减少幅度不同，银川总辐射变化的转折点出现在 1980 年。分析银川市总辐射减少对气候的影响关系可知，银川市总辐射和年平均气温逐年变化趋势正好相反，1961—1975 年夏季降水量和总辐射的变化趋势基本相反，1976 年以后，除个别年份外，降水量与总辐射变化趋势基本一致。利用宁夏各地太阳能总辐射及日照资料对太阳能资源进行评估分析，结果表明，宁夏每年太阳能资源在 4947~6102MJ/m^2，属于太阳能资源较丰富区。宁夏各地日照时间多于 6h 的天数每月在 13.3~25.7 天，全年在 215~292.6 天，太阳能可利用时间较长。综合而言，宁夏太阳能资源的开发利用总体条件较好。

(2) 总体设计说明

根据常用负载使用条件的情况，该系统的设计为采用 160 块 250W/30.14V 多晶太阳能电池板，考虑到当地存在高温天气，温度越高开路电压越低，故以每 16 块组件进行串联连接的形式，共 10 组经过 2 台 5 进 1 出的防雷汇流箱接入到一台 360V 150A 的光伏离网控制器，给由 60 只 12V 200Ah 蓄电池，30 块串联 2 并联（蓄电池组的串联数为 30，并联数为 2，下文同）组成的 360V 400Ah 蓄电池组进行充电，蓄电池组母线接入一台 GSI 360-60kW 三相离网逆变器，离网逆变器交流输出接入交流配电箱给额定 48kW 以内的负载提供 380V/220V 50Hz 的交流电。

在白天 10：00—15：00 光照较强的时候，光伏电池组件吸收光能，输出直流电，经防雷汇流箱接入到充放电控制器，充放电控制器通过蓄电池侧直流母线向蓄电池组充电，逆变器从蓄电池组侧直流母线取电，逆变成交流电输出给后面的负载供电。在非该时段时，通过离网逆变器给后面的负载供电。若遇到阴雨天，光伏发电量小于后面负载用电量时，蓄电池组会提供能量补充。光伏电池阵列负责光到电能的转换；控制器负责蓄电池的智能充电管理；逆变器负责直流电到交流电的转换，并负责蓄电池的欠电压保护控制。当蓄电池组端电压低于设定值时，逆变器会停止逆变工作，以保护蓄电池因过放电而损坏，逆变器同时具有其他各种自身保护和负载保护功能，如过热保护、过载保护、输出短路保护、故障保护等。除此之外，离网逆变器要具备定时切换和蓄电池欠电压保护切换双重智能控制功能，同时三相离网逆变器具有 100% 三相不平衡带载功能（因为后面负载均为单相 220V 负载）。整个系统设计简洁，也集成了光伏系统多项先进技术，如 PWM 充电控制技术、SPWM 逆变技术等。

(3) 光伏发电系统原理图

该光伏发电系统主要由光伏电池方阵、控制器、蓄电池组、逆变器、交直流负载组成。系统原理图和系统连接框图分别如图 6-3 和图 6-4 所示。

(4) 系统安装方式

该系统采用固定倾斜式安装，光伏电池组件与固定支架之间采用螺栓连接。支架底座考虑到风速及屋顶防水措施的保护，采用一次性浇筑好的水泥压块。光伏电池组件之间接头采用 MC4 公母插头，方便拆卸。系统安装方式如图 6-5 所示。

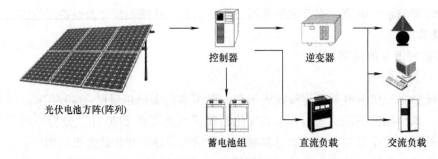

图 6-3　系统原理图

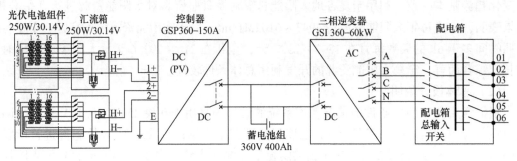

图 6-4　系统连接框图

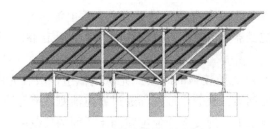

图 6-5　系统安装方式示意图

2. 光伏电池组件选择

（1）光伏电池组件选型

光伏电池组件选用峰值功率为 250Wp 的多晶硅组件，每块组件内部封装 156mm × 156mm 多晶电池片 60 片。

（2）光伏电池组件参数

光伏电池组件参数见表 6-6。

表 6-6　光伏电池组件参数表

最大输出功率/W	250
最佳工作电压/V	30.14
最佳工作电流/A	8.29
开路电压/V	37.71
短路电流/A	8.86
电池片数量	60 片
组件尺寸/（长/mm×宽/mm×高/mm）	1640×992×50
组建重量/kg	22

图 6-6 为光伏电池组件安装示意图。

图 6-6　光伏电池组件安装示意图

3. 光伏汇流箱

（1）光伏汇流箱的选型

对于光伏发电系统，为了减少光伏组件与光伏控制器或者逆变器之间的连接线，方便维护，提高可靠性，一般需要在光伏组件与光伏控制器或者逆变器之间增加直流汇流装置，故系统中需要增加光伏防雷汇流箱。根据太阳能电池板的并联数为 10，每条支路正常电流预置为 10A，考虑到控制器是两路输入，每路电流 50A，所以选用 2 台 5 进 1 出的汇流箱。

（2）功能特点

满足室内、室外安装要求；最大可接入 16 路光伏串列，单路最大电流 20A；宽直流电压输入，光伏电池阵列最高输入电压可达 DC 1000V；光伏专用熔断器；光伏专用高压防雷器，正负极都具有防雷功能；可实现多台设备并联运行；维护简单、快捷；远程监控（选配）。

（3）汇流箱参数指标

汇流箱参数指标见表 6-7。

表 6-7　汇流箱参数指标

最大开路电压/V	1000
光伏阵列输入路数	5
单路阵列最大电流/A	1000
防反保护	有
直流输出断路器	有
光伏专用防雷	有
检测模块（选配）	检测每路电流、母线电压、断路器状态、防雷器状态、箱体温度
通信方式/协议	RS485 总线/标准的 MODBUS-RTU 协议
使用海拔/m	≤5000
工作温度/℃	−25 ~65

4. 蓄电池

（1）蓄电池选型

蓄电池是系统的储能设备，离网光伏发电系统完全依赖于蓄电池组来储能并持续提供能量。该部分的设计将包含电池选型、安装、储能与发电的平衡。离网系统的直流电压（蓄电池组电压），按照一般常用值分为 12V、24V、36V、48V、110V、220V，装机功率大的系统则会选择高电压，目的是降低电流密度，如升高到 240V、360V 或 600V。本次系统的装机功率为 60kW，对于独立型光伏发电系统来说，这个装机功率是相对较大的，主要是为了降低电流密度，减少损耗，有必要选择更高的系统直流电压，并使该电压与组件串电压很好的匹配。我们将系统直流额定电压设置为 360V。根据负载工作情况及安装面积和成本，选用 12V 的免维护密封阀控式铅酸蓄电池，根据系统电压和容量以及单个蓄电池容量的分类设定为：系统采用 30 只串联后 2 并联的连接方式，串接成 360V 的储能系统电压。

（2）蓄电池参数

蓄电池参数见表 6-8。

表 6-8　蓄电池参数

额定电压/V	12
额定容量/Ah	200
端子形式	螺栓紧固件
环境温度要求/℃	－15~45
最佳环境温度/℃	25
浮充电压/V	13.6±0.025
循环使用电压/V	14.7±0.05
温度补偿系数/mV	±3.3

图 6-7 为蓄电池组的实物图。

5. 光伏充放电控制器

（1）控制器的选型

光伏充放电控制器通常被称作能源管理器是光伏电源的核心控制设备。光伏充放电控制器一般采用多路光伏阵列输入，根据蓄电池组端电压逐路切换的控制方式，这种控制方式起到了类似 PWM 控制方式（充电电流根据充电状态和电压逐渐增大或逐渐减少）的作用，有效地保护蓄电池。根据组

图 6-7　蓄电池组

件功率及蓄电池的充电电流，选择 360V 150A 的控制器来进行充放电管理。其中 "360V" 指蓄电池组额定电压，"150A" 指能够承受的最大光伏电池组件输入电流。这种类型控制器共有 3 路独立光伏直流输入端，在对蓄电池的充电过程中，根据蓄电池组的实时电压与内部程序预设值比较，来控制电子开关的逐级打开和闭合，以此来控制蓄电池组的充电电流和充电电压，使充电效率得到提升，并保护蓄电池在浮充状态不会被过充。

（2）控制器的性能特点

1）共正极控制，多路光伏电池方阵输入控制。

2）微机芯片智能控制，充放电各参数点可设定，适应不同场合的需求。

3）各路充电压检测具有 "回差" 控制功能，可防止开关进入振荡状态。

4）控制电路与主电路完全隔离，具有极高的抗干扰能力。

5）采用 LCD 液晶显示屏，中英文菜单显示。

6）具有历史记录功能和密码保护功能。

7）具有电量累计功能，包括光伏发电量、负载用电量、蓄电池电量的累计功能。

8）保护功能齐全，具有多种保护及告警功能。

9）具有 RS-485/232 通信接口，便于远程通信和控制。

10）具有多种故障报警功能；具有时钟显示功能；具有温度补偿功能。

（3）控制器技术参数

控制器技术参数见表 6-9。

表 6-9 控制器技术参数

电 压 等 级		GSP360
额定电流/A		150
最大光伏阵列开路电压/V		750
光伏阵列充电路数/最大		3
单路光伏阵列最大电流/A		50
蓄电池过放保护点/V		324.0
蓄电池过放恢复点/V		360.0
蓄电池过充保护点/V		465.0
蓄电池过充恢复点/V		450.0
浮充电压/V		405.0
均充电压/V		426.0
空载电流/mA		<1%（额定电流）
电压降落	光伏阵列与蓄电池/V	1.35
	蓄电池与负载/V	0.1
温度补偿系数（可选）/(mV/℃)		-3 ~ -7（每节电池）
使用环境温度/℃		-20 ~ 50
允许相对湿度		<95% 无冷凝
使用海拔高度/m		≤5000（海拔超过 1000m 需按照 GB/3859.2 规定降额使用）
防护等级		IP20
尺寸（宽/mm × 深/mm × 高/mm）		330×155×270(50A)/440×440×660（50A 以上）
重量/kg		8(50A)/32 ~ 40(50A 以上)
保护功能		光伏阵列反接保护；蓄电池反接保护；夜间防反充电保护；蓄电池过充保护、过放保护；输出过载保护；输出短路保护

6. 离网逆变器

（1）离网逆变器选型

离网逆变器的选型必须考虑直流输入电压范围与系统设计的直流电压匹配，以免导致控制混乱，缩短设备寿命，尤其是蓄电池寿命。逆变器功率必须与负载功率相匹配。根据预设负载的功率为 20kW 的情况以及存在瞬间起动电流波动大的感性负载，结合考虑后续增加负载及设备稳定性，故选用 GSI 360-60kW 的工频逆变器来转换交流电给负载使用。

（2）离网逆变器的性能特点

1）可靠性：用于新能源发电的电源往往安装于无电的山区、牧区、边防、海岛等交通不便地区，一旦电源发生故障，修复就较为困难。因此对电源的可靠性提出较严格的要求，如日夜温差大，高海拔地区空气稀薄而引起的散热、绝缘以及远途运输问题。

2）高效率：由于目前新能源发电每度电成本偏高，太阳能电池板的价格昂贵，提高逆变器的效率可降低太阳能电池板的容量，从而减少投资。

3）具有对蓄电池组过放电保护功能：光伏电站、风力发电电站往往具有专用的控制器对蓄电池的充、放电实时管理，但将蓄电池的过放电保护功能用逆变器自身的功率器件来实现，不仅可简化电路、降低成本，而且还可避免控制器通断直流电而引起的拉弧问题，从而提高了系统的可靠性。

（3）离网逆变器技术参数

离网逆变器技术参数见表6-10。

表6-10　离网逆变器技术参数

型　　号	GSI 360-60kW
额定功率/kW	48
直流电压/V	360
相数	三相 + N + G
标称电压/V	AC 380 ±1%（稳态负载），AC 380 ±3%（负载波动）
标称频率/Hz	50 ±0.05%
频率稳定度（不同步时）	< ±0.05%
频率稳定度（同步时）	< ±5%
波峰因数	3∶1
输出波形	正弦波
总谐波失真	线性负载 <3%；非线性负载 <5%
动态负载电压瞬变（由 0 到 100% 跃变）	< ±5%
瞬间恢复时间/ms	<10
平衡负载电压	< ±1%；< ±5%（不平衡负载电压）
过载能力	125% 1min，150% 1s
逆变器效率（负载 100%）	>90%
计算机通信接口	RS-232（RS-485、网络远程监控/选件）
运行温度/℃	0 ~ 40
相对湿度（不凝结）	30% ~ 90%
运行高度（最大）/m	<1000（每增加 100 功率下降 1%，最高 5000）
冷却方式	强制通风
噪声（根据负载和温度）距离机器 1m 处/dB	45 ~ 55
箱体颜色	黑色（可选）
输入电缆	底部/前部
易维护	前面/上面/左右面均可打开

7. 光伏连接线缆

系统的光伏电池组件安装在户外,要求其有足够的耐候性才能保证使用 25 年以上,暴露在户外的连接电缆的耐候性也同样重要。一般这种电缆会使用耐紫外线和耐老化电缆。并且光伏系统与公用建筑结合安装,需要考虑建筑的防火安全要求。

1) 组件与组件、阵列到汇流箱之间串联连接电缆,使用组件接线盒的自带电缆光伏组件(900mm 长)的光伏专用电缆,正负两极各一根,并且有正负极标记。对于组件串的最终正负极出线,到汇流箱之间的电缆,则根据不同的情况处理,如会直接暴露在阳光下的,采用 PV1-F1 ∗ 4mm² 型 TUV 光伏专用电缆。

2) 汇流箱与控制器之间的电缆选择普通 10mm² 软铜芯电力电缆。

3) 光伏控制器输出到直流汇流箱采用 50mm² 软铜芯电力电缆。

4) 蓄电池之间连接线及蓄电池组到直流汇流箱采用 50mm² 软铜芯电力电缆。

5) 直流汇流箱到离网逆变器电池端采用 70mm² 软铜芯电力电缆。

8. 系统材料清单

系统材料清单见表 6-11。

表 6-11 系统材料清单

序号	产品名称	产品规格	数量	备 注
1	多晶硅组件	250W (峰值电压:30V)	160 块	连接方法:16 串 10 并
2	组件支架	C 型钢	1 套	热浸锌
3	防雷汇流箱	5 进 1 出	3 台	防雷;熔断;防水
4	光伏控制器	GSP360-150A	1 台	光伏 3 路输入
5	离网逆变器	GSI360-60K3	1 台	工频机;交流输出 AC 380V/50Hz;满足 100% 不平衡负载功能(可以给单相负载供电,每相负载不可超过 16kW)。市电切换功能(当光照不足导致蓄电池馈电,逆变器会自动切换到市电,由市电给负载供电,待电池充满,逆变器会自动从市电切换到光伏线路)
6	蓄电池	12V-200Ah	60 块	胶体足容量;30 串 2 并
7	蓄电池柜	A-30	2 套	容纳 30 节 12～200Ah 蓄电池
8	直流汇流箱	DC 1000V 200A	1 台	控制器、蓄电池及离网逆变器直流输入汇流;熔断装置
9	交流配电箱	——	1 台	交流配载;熔断;防雷(客户可以自备)
10	线缆	PV1-F 1 ×4mm²		组件到防雷汇流箱/光伏专用线缆
		10mm²		防雷汇流箱到控制器/普通电力线缆
		ZRC-YJV 22 ×50mm²		控制器到直流汇流盒连接线/普通电力线缆
		ZRC-YJV 22 ×50mm²		蓄电池之间连接线及蓄电池组到直流汇流盒连接线/普通电力线缆
		ZRC-YJV 22 ×70mm²		直流汇流到离网逆变器电池输入端连接线/普通电力线缆
11	公母插	MC4	10 对	组件方阵连接使用

9. 系统年发电量估算

按照当地日平均有效光照 5h 计算，组件年平均日发电量 200kWh 电量；蓄电池有效释放电量 72kWh；负载总功率及负载同时启动包括感性负载瞬间冲击不可超过 48kW。A/B/C 三相每相带载不可超过 16kW。

6.2 分布式光伏发电系统

6.2.1 户用 9kW 光伏电站设计与安装

【任务说明】

2014 年 10 月，国家能源局、国务院扶贫办联合印发《关于实施光伏扶贫工程工作方案》，以及随着光伏电站建设成本的降低，全国各地兴起了户用光伏电站的建设浪潮。例如浙江省 2015 年年底，已建户用光伏电站 2009 户，到 2017 年年底，已建 12.9 万户，可见户用光伏电站建设在家庭资金分配和收益上越来越受到人们的关注。户用光伏电站主要由光伏电池方阵、并网逆变器、配电箱、接地装置等设备组成。本节主要学习户用光伏电站的设计与实施方法。

【任务实施】

1. 项目地勘察

浙江省的某农户有自建住宅，南北朝向，在闲置的楼顶装上光伏电站，选用的是 300Wp 的组件，经过测算，楼顶面积可以安装 30 块组件。

2. 系统设计

光伏电池组件的朝向、倾角完全一致，分为 3 个相同的组串，每串 10 块组件，接到并网逆变器的直流侧，并网逆变器输出再通过配电箱连接到低压电网。系统结构如图 6-8 所示。

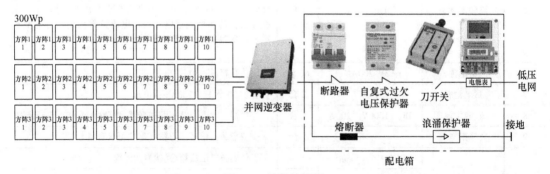

图 6-8 系统结构图

根据现场勘察结果和系统设计方案，选择系统安装需要的材料设备，表 6-12 为该光伏发电系统所需材料清单列表。

表 6-12 材料清单列表

序　号	设备名称	规　格	单　位	数　量
1	支架	3m 导轨，24 根，中压	组	与组件匹配
2	组件	峰值功率 300W	块	30

序　号	设备名称		规　格	单　位	数　量
3	直流线缆		PV1-F-1×4mm²	米	200
4	逆变器 GCI-1P8K-4G		最大输出功率 8.8kW	台	1
5	配电箱	刀开关	220V 63A 2P	个	1
		断路器	63A 2P	个	2
		自复式过欠压保护器	220V 50A 2P	个	1
		浪涌保护器	2P 20kA	个	1
6	交流线缆		ZR-YJVR-3×10mm²	米	50
7	接地线缆		BVR-10mm²	米	50
8	接地装置		10m×5mm（扁钢）	根	1
9	监控设备		GPRS/WiFi	个	1

3. 材料设备的选择

（1）光伏电池组件的选择

该用户希望装机容量尽量大，故在设计时帮客户选择了 300Wp 的高效组件，峰值电压 32.6V，峰值电流 9.19A，组件效率 18.3%（组件尺寸：1620mm×1000mm）。该组件有优异的低辐照性能，其技术参数如下。

1）组件的主要参数

$P_m = 300Wp$，$V_{oc} = 39.8V$，$V_{mpp} = 32.6V$，$I_{mp} = 9.19A$，$I_{sc} = 9.77A$。

2）根据组件的型号和敷设的数量计算得到 9.0kWp（300Wp×30 块）的装机容量。根据装机容量、组件实际排布情况来选择合适的并网逆变器。

（2）并网逆变器的选择

该项目容量为 9kWp，且并网电压为 220V，故选择单相三路 GCI-1P8K-4G 光伏并网逆变器，超配比为 1.125 倍。该逆变器有 3 个输入，具体参数见表 6-13。

表 6-13　8kW 逆变器电气参数

直流输入参数				交流输出参数	
最大治理输入功率/kW	9.2			额定输出功率/kW	8
最大直流输入电压/V	600			最大输出功率/kW	8.8
最大支流输入电流/A	11	11	11	额定输出电压/V	220
直流启动电压/V	120			额定输出电流/A	36.6
MPPT 电压范围/V	180~550			输出电压频率/Hz	50
MPPT 路数/每路 MPPT 输入数	3/1			电流总谐波	<1.5%

（3）直流侧线缆选择

直流侧线缆多为户外铺设，需要具备防潮、防晒、防寒、防紫外线等性能，因此分布式光伏系统中的直流线缆一般选择光伏认证的专用线缆，考虑到直流插接件和光伏电池组件输出电流，目前常用的光伏直流电缆为 PV1-F 1×4mm²。

（4）交流侧线缆的选择

交流侧线缆主要用于并网逆变器交流侧至交流汇流箱或交流并网柜，可选用 YJV 型电缆。

长距离铺设还要考虑到电压损失和载流量大小，8kW单相交流线缆推荐使用YJV-3×10mm²。

（5）配电箱电气设计

并网逆变器输出送入配电箱，配电箱由断路器、自复式过欠电压保护器、刀开关、电能表、熔断器、浪涌保护器等部件组成，如图6-8所示。

1）断路器。断路器的一端接逆变器，一端接电网侧；交流断路器一般选择逆变器最大交流输出电流的1.25倍以上，8kW逆变器交流输出最大电流为36.6A，即至少选择50A的断路器。

2）熔断器。当浪涌保护器被雷电击穿失效时，从而造成回路短路故障，为切断短路电流，需要在浪涌保护器前加一组熔断器，熔断器电流可选100A。

3）浪涌保护器。本项目选用限压型、2P的浪涌保护器，选择规格：$U_c \approx 385V$，$I_{max} \geq 20kA$，$I_n \geq 10kA$，$U_p \leq 1.5kV$。

4）自复式过欠电压保护器。过欠电压保护器能够自动检测线路电压，当线路中过电压和欠电压超过规定值时能够自动断开。本项目使用的自复式过欠电压保护器规格：工作电压AC 220V 50Hz，额定电流50A，过电压值AC 270±5V，欠电压值AC 170±5V，保护动作时间≤1s，延时接通时间≤1min。

5）刀开关（隔离开关）。刀开关或隔离开关会有明显的断开点，可以保护后端检修和维护人员的安全。刀开关选择额定电流为63A的。

4. 系统安装施工

（1）支架安装方案

光伏电池组件安装在斜屋面琉璃瓦屋顶，在安装支架时一般采用主支撑构件与琉璃瓦下层屋面固定，用来支撑支架主梁及横梁，组件与横梁之间采用铝合金压块压接。在安装过程中，务必要做好屋面的防水工作并且合理地布置线缆。

1）移开琉璃瓦，用自攻螺钉将弯钩固定。

2）用T型螺钉将导轨固定在弯钩上，然后用中压块及边压块将光伏组件固定在导轨上，支架安装步骤如图6-9所示。

（2）组件排布接线方案

光伏电池方阵的现场安装、排布和接线需要注意以下几个问题。

1）光伏电池方阵应谨慎布线，以尽可能减少线与线之间、线与地之间故障发生的可能性。

2）安装时应检查所有连接点的牢固性和极性，以减少调试、运行和后期维护过程中的故障风险和电弧发生的可能性。

3）光伏电池方阵应按导电回路面积最小的方式布线，以降低雷电导致的过电压值。光伏组串正极和负极电缆应从同一侧平行敷设，参考图6-10和图6-11所示的横向敷设和竖向敷设方式。

（3）接地措施

地线是光伏系统正常运行的关键，在房屋附近土层较厚、潮湿的地方，根据供电公司要求，挖1.5m深坑埋入50mm×5mm扁钢或者φ12mm的圆钢，添加降阻剂后并引出地线。地线连接到组件的支架上，同时组件边框也必须连接到支架上，接地电阻应小于4Ω，如图6-12所示。

图 6-9　支架安装步骤

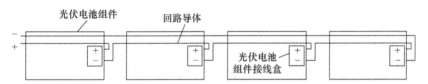

图 6-10　横向敷设方式

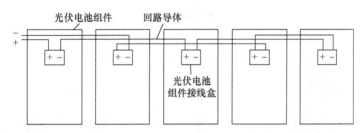

图 6-11　竖向敷设方式

图 6-12　系统接地示意图

5. 收益计算

按照装机容量9kW，系统效率为80%，浙江省的光照按照全年每天3.6h计算（参照全国各省峰值日照时数），全年发电估计时间为1326h，预估该项目首年发电量10512kW·h。年衰减为2.5%，25年后最低功率为80%。

6.2.2 厂房100kW分布式光伏电站设计

【任务说明】

分布式光伏电站主要由光伏电池组件、光伏防雷汇流箱、光伏并网逆变器和交流配电柜组成。另外，系统应配置1套监控装置，用来监测系统的运行状态和工作参数。本节主要学习企业厂房分布式光伏电站的设计方法。

【任务实施】

1. 项目设计

（1）总体说明

针对100kWp的光伏并网发电系统项目，建议采用分块发电、集中并网方案，将系统分成2个50kW的并网发电单元，每个50kW的并网发电单元都接入0.4kV低压配电柜，汇总经过总断路器，最终实现整个并网发电系统并入0.4kV低压交流电网。系统结构如图6-13所示。

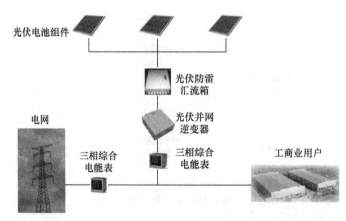

图6-13　系统结构图

（2）光伏阵列说明

本方案采用250Wp多晶光伏电池组件，实现100kWp共需400块，实际装机容量100kW。250Wp组件开路电压为36.2V左右，工作电压为30.23V。光伏阵列分2个主方阵，每个主方阵容量50kW，共200块组件。20块为一个子串列，共10串。

（3）光伏并网方案说明

整个系统分成2个50kW的并网发电单元，选用2台50kW光伏并网逆变器。每台逆变器的交流输出接入交流并网配电柜，经交流断路器接入0.4kV侧，并配有发电计量表。交流配电柜装有交流电网电压表和输出电流表，可以直观地显示电网侧电压及发电电流。

2. 并网逆变器选配

选择型号为SG50K3的光伏并网逆变器2台，其直流工作电压范围为300V~950V，最大开路电压 1000V。

3. 光伏阵列设计

在光伏并网系统中，普遍选用具有较大功率的光伏电池组件，本系统可选用单块 250Wp 多晶硅光伏电池组件，其工作电压为 30.23V，开路电压约为 36V。当然，也可选用其他类型的光伏电池组件。

经过计算，300V/30.23V＝9.9，950V/36V＝26.3，得出每个光伏电池阵列可采用 10～26 块电池组件串联。本方案选 20 个电池组件串联。

每个光伏电池阵列的峰值工作电压为 $20 \times 30.23V = 604V$，开路电压为 720V，满足逆变器的工作电压范围。

对于每个 50kW 并网发电单元，需要配置 200 块 250Wp 电池组件，组成 2 个光伏阵列。整个 100kWp 并网系统需配置 400 块 250Wp 电池组件。每个主方阵容量 50kW，共 200 块组件。20 块为一个子串列，共 10 串。一个主方阵太阳电池组件布置为 10 个子阵列。

4. 光伏防雷汇流箱

本方案选用 SPV-10 光伏防雷汇流箱，其主要特点如下。

1）大大简化了系统布线和不必要的损耗。

2）最大可接入 10 路光伏串列，单路最大电流 16A。

3）宽直流电压输入，光伏电池阵列最高输入电压可达 DC 1000V。

4）采用光伏专用熔断器，以满足光伏电站电池组件输出电流不断变化的要求。

5）光伏专用高压防雷器有效实现对感应雷和直击雷影响或其他瞬时过压的浪涌进行保护。

6）满足室内、室外安装要求。

7）可实现多台机器并联运行，维护简单、快捷；可实现远程监控（选配）；防护等级为 IP65。

5. 交流配电柜

交流配电柜主要满足交流配电，方便逆变器交流接入的汇流；交流配电柜输入输出配置交流断路器，方便维护和操作；交流输出母线配置电能表，实现对并网发电系统的计量；交流输出母线安装交流防雷器，防止感应雷对设备造成损坏；交流配电柜可根据系统实际要求定制，交流输出母线可根据系统需要进行分段。在本方案中有 2 个交流配电单元。

6. 系统接入电网设计

本方案采用的 SG50K3 并网逆变器适合于直接并入三相低压交流电网（AC 380V 50Hz）。

系统配置 2 台 SG50K3 并网逆变器的交流输出直接接入交流配电柜的 0.4kV 开关柜，经交流低压母线汇流后接入低压开关柜，并入 0.4kV 低压交流电网，从而最终实现系统的并网发电功能。

7. 系统监控装置

本方案采用高性能无线传输模块，配置光伏并网发电系统多机版监控软件，采用 GPRS 无线通信方式，连续每天 24h 不间断对所有并网逆变器的运行状态和数据进行监测。

1）光伏并网发电系统的监测软件可连续记录运行数据和故障数据包括：实时显示电站的当前发电总功率、日总发电量、累计总发电量、累计 CO_2 总减排量以及每天发电功率曲线图。

2）可查看每台逆变器的运行参数，主要包括：直流电压、直流电流、直流功率、交流电压、交流电流、逆变器机内温度、时钟、频率、当前发电功率、日发电量、累计发电量、累计 CO_2 减排量、每天发电功率曲线图。

3）监控所有逆变器的运行状态，采用声光报警方式提示设备出现的故障，可查看故障原因及故障时间，监控的故障信息包括电网电压过高、电网电压过低、电网频率过高、电网频率过低、直流电压过高、逆变器过载、逆变器过热、逆变器短路、散热器过热、逆变器孤岛、DSP 故障、通信失败。

4）监控装置每隔 5min 存储一次电站所有运行数据，可连续存储 5 年以上电站所有的运行数据和故障纪录。

5）监控主机同时提供对外的数据接口，即用户可以通过网络方式，异地实时查看整个电源系统的实时运行数据以及历史数据和故障数据。

8. 系统防雷接地装置

为了保证本方案光伏并网发电系统安全可靠，防止因雷击、浪涌等外在因素导致系统器件的损坏等情况发生，系统的防雷接地装置必不可少。系统的防雷接地装置措施有多种方法，主要有以下几个方面供参考。

1）地线是避雷、防雷的关键，在进行配电室基础建设和光伏电池方阵基础建设的同时，选择电厂附近土层较厚、潮湿的地方，挖 1 ~ 2m 深的地线坑，采用 40 × 4（宽 × 厚）扁钢，添加降阻剂并引出地线，引出线采用 10mm² 铜芯电缆，接地电阻应小于 4Ω。

2）直流侧防雷措施：电池支架应保证良好的接地，光伏电池阵列连接电缆接入光伏防雷汇流箱，汇流箱内含高压防雷器保护装置，光伏电池阵列汇流后再接入直流防雷配电柜，经过多级防雷装置可有效地避免雷击导致设备的损坏。

3）交流侧防雷措施：每台逆变器的交流输出经 0.4kV 开关柜接入电网，10kV 变电站应配置防雷装置，有效地避免雷击和电网浪涌导致的设备损坏，且所有的机柜要有良好的接地。

9. 经济效益

（1）100kW 屋顶光伏发电站所需电池板面积

100kW 需要 400 块电池板，电池板总面积 $1.6368m^2 × 400 = 654.72m^2$。

（2）年平均太阳辐射总量

该地每年倾斜组件的太阳总辐射辐照量为 4190 ~ 5016MJ/m²。

（3）理论年发电量根据理论计算

年发电量 = 年平均太阳辐射总量 × 电池总面积 × 光电转换效率 = (13.14 万 ~ 15.73 万)kW·h。

（4）实际发电量

实际发电量受到以下因素的影响。

1）太阳能电池板输出的标称功率与实际输出有偏差。

2）光伏电池组件温度的升高对它的输出功率有一定影响。

3）光伏电池组件表面灰尘的累积会影响太阳能电池板的输出功率。

4）由于太阳辐射的不均匀性，光伏电池组件的输出几乎不可能同时达到最大功率输出，因此光伏电池阵列的输出功率要低于各组件的标称功率之和。

5）其他因素。

实际发电效率约为71%。

因此，光伏发电系统实际年发电量 = 理论年发电量 × 实际发电效率 = (13.14 万 ~ 15.73 万)kW·h × 71% = (9.3 万 ~ 11 万)kW·h。

结合以上计算，100kWp 光伏发电项目收益计算如下。

每年可节省的电费为：(9.3 万 ~ 11 万)kW·h × 1.2 元/kW·h = (11.16 万 ~ 13.2 万)元。

其中：享受国家政策补贴为：(9.3 万 ~ 11 万)kW·h × 0.42 元/kW·h = (4.5 万 ~ 4.6 万)元。

享受省政策补贴为：(9.3 万 ~ 11 万)kW·h × 0.25 元/kW·h = (2.3 万 ~ 2.7 万)元。

年总收益：17.96 万 ~ 20.5 万元/年。

对于不同地区，享受光伏电价补贴不同，上述补贴数据为 2017 湖北省某市补贴政策。

6.3 大型并网光伏 10MW 光伏电站设计

6.3.1 光伏电池方阵设计

【任务说明】

图 6-14 为 10MW 并网光伏发电系统总框图。拟建项目位于东经 80.3°，北纬 41.2°，系统由 22752 块 265Wp 单晶硅电池组件和 14144 块 285Wp 多晶硅电池组件组成，总装机容量为 10.06032MW。本节主要学习并网光伏电站电池方阵结构的设计方法。

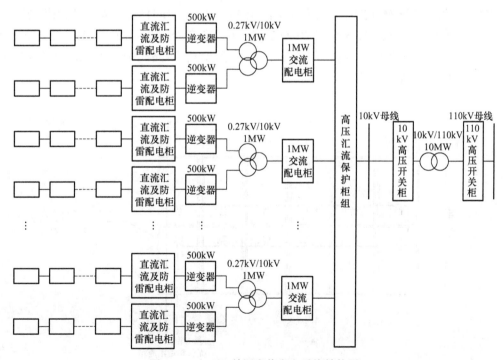

图 6-14　10MW 并网光伏发电系统结构图

【任务实施】

1. 系统整体设计

本任务所安装的光伏组件由两部分构成。

1) 安装 22752 块 265Wp 单晶硅光伏组件，对应装机容量应为 6029.28kWp。

2) 安装 14144 块 285Wp 多晶硅光伏组件。对应装机容量为 4031.04kWp。因此，总装机容量为 10060.32kWp(10.06032MWp)。

综合考虑光伏发电系统装机容量及最佳发电效率，项目选择 20 台 500kW 无隔离变并网逆变器，分别对应 10 个 1MW 光伏电池阵列。

2. 电池组件参数选择

单晶硅和多晶硅电池组件参数见表 6-14。

表 6-14　电池组件参数

类　　型	峰值功率/Wp	峰值电流/A	短路电流/A	峰值电压/V	开路电压/V	转换效率（%）
单晶硅 265Wp 组件	265	5.28	5.59	50.2	60.6	15.7
多晶硅 285Wp 组件	285	7.97	8.40	35.8	44.6	14.7

3. 光伏电池方阵设计

（1）单晶硅光伏电池方阵设计

对于单晶硅光伏电池，工作电压（V_{mp}）的温度系数约为 $-0.0045/℃$，折合 70℃时的系数为 0.8，开路电压（V_{oc}）的温度系数约为 $-0.0034/℃$，折合 $-10℃$ 时的系数为 1.12。

依据　串联数最小值 $n_1 = V_1/V_{mp} = 450V/50.2V = 9$

　　　串联数最大值 $n_2 = V_2/V_{oc} = 820V/60.6V = 13$

其中 V_1 为逆变器 MPPT 电压范围最小值 450V，V_2 为 MPPT 电压范围最大值 820V。所以本方案选择 12 块串联，$12 \times 50.2V = 602.4V$ 处于逆变器 450~820V MPPT 工作范围内。根据 12 串为一光伏电池阵列（阵列结构如图 6-15 所示），单晶硅光伏系统由 12 串 158 并为一方阵，共由 12 个光伏电池方阵构成。

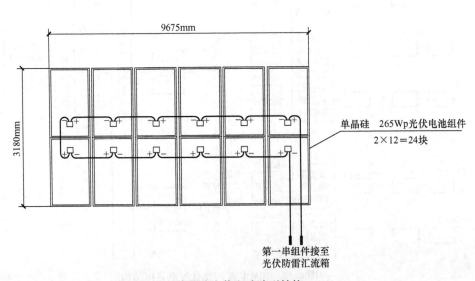

图 6-15　单晶硅光伏电池阵列结构

（2）多晶硅光伏电池方阵设计

对于多晶硅光伏电池，工作电压（V_{mp}）的温度系数约为 $-0.0045/℃$，折合 70℃ 时的系数为 0.8，开路电压（V_{oc}）的温度系数约为 $-0.0034/℃$，折合 $-10℃$ 时的系数为 1.12。

依据串联数最小值 $n_1 = V_1/V_{mp} = 450V/35.8V = 13$

串联数最大值 $n_2 = V_2/V_{oc} = 820V/44.6V = 18$

所以本方案选择 17 块串联，$17 \times 35.8V = 608.6V$，处于逆变器 450~820V 的 MPPT 工作范围内。根据 17 串为一光伏电池阵列（阵列结构如图 6-16 所示），可确定多晶硅由 17 串 104 并为一光伏方阵，共由 8 个光伏电池方阵构成。

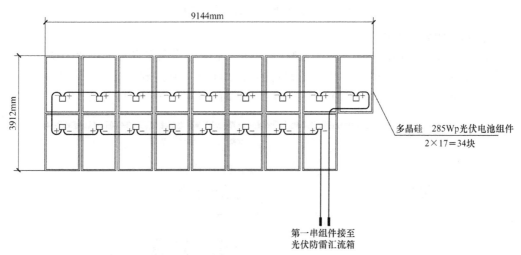

图 6-16 多晶硅光伏电池阵列结构

4. 固定倾斜或光伏电池方阵间距计算

（1）单晶硅式光伏电池阵列间距确定

光伏电站场区设计的原则是：尽量减少占地面积，提高土地利用率和光伏电池阵列之间不得相互遮挡。一年中冬至日太阳高度角最低，在设计时按照冬至日 9：00 至 16：30 不遮挡为计算设计依据。可计算出光伏电池阵列间距 D 约为 4m，如图 6-17 所示。

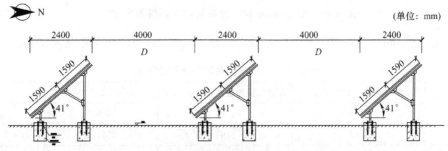

图 6-17 单晶硅式光伏电池阵列间距控制示意图

（2）多晶硅光伏电池阵列间距确定

多晶硅光伏电池阵列间距确定原则类似于单晶硅，不同的是光伏电池阵列净高度不同，单晶硅光伏电池阵列净高度为2.1m（2排阵列长度为3180mm，倾斜角为41°），多晶硅光伏电池阵列净高度为2.71m（2排阵列长度为3912mm，倾斜角为41°）。同样，在设计时按照冬至日9：00至16：30不遮挡为设计依据，可计算出阵列间距约为5.2m，如图6-18所示。

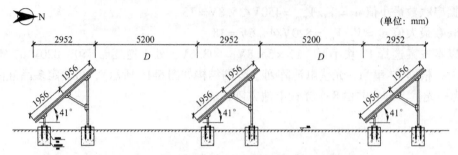

图6-18　多晶硅光伏电池阵列间距控制示意图

5. 固定倾斜角设计

依据 RETScreen International 分析软件，可得光伏计算数据显示的结果，对于某一倾角固定安装的光伏阵列，所接收的太阳辐射量与倾角有关，通过软件计算可简便地得到光伏电池阵列最佳倾角为41°。图6-19为倾斜角20°的 RETScreen 软件分析结果。

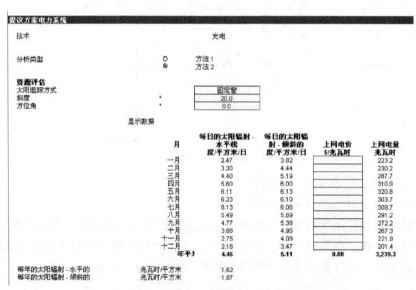

图6-19　RETScreen 软件分析结果（倾斜角为20°）

表6-15为不同倾斜角时的太阳辐射量。从该表可知41°倾斜角为最佳倾斜角。

表6-15　不同倾斜角时的太阳辐射量

倾　斜　角	水平辐射量/（MWh/m²）	倾角面辐射量/（MWh/m²）	上网电量/MWh	结　　论
20°	1.62	1.87	3239.3	− 4.63%
30°	1.62	1.93	3361.5	− 1.03%
35°	1.62	1.95	3382.4	− 0.42%
41°	1.62	1.95	3396.5	最佳倾角
45°	1.62	1.95	3391.5	− 0.15%

6.3.2 光伏电站设备选型

【任务说明】

整个光伏发电系统的总装机容量为 10060.32kWp，共 20 个光伏电池方阵，1～12 号方阵设有 12 串光伏电池组件构成的阵列 158 并。13～20 号方阵设有 17 串光伏电池组件构成的阵列 104 并。系统还包括 20 台 SG500KTL 逆变器、共 176 台防雷汇流箱（编号 JN01#～JN176#）、20 台直流配电柜（编号 01#～20#）、20 台 270V 交流配电柜（编号 01#～20#）、10 台 10kV 交流开关柜（编号 01#～10#）和 1 台交流汇流柜、1 套 10kV 至 110kV 的升压设备。本节主要学习各设备的选型配置方法。

【任务实施】

1. 直流汇流箱选配

为了减少直流侧电缆的接线数量，提高系统的发电效率，该并网光伏发电系统需要配置光伏电池阵列汇流装置。该装置就是将一定数量的电池串列汇流成 1 路直流输出。

本任务根据光伏发电系统的特点，设计了具有 16 路光伏电池阵列汇流的直流汇流箱，该汇流箱的每路电池串列输入回路配置了耐压为 1000V 的高压熔断器和光伏专用防雷器，并可实现直流输出手动分断功能。

每个单晶硅光伏电池方阵配汇流箱 10 个，10 个汇流箱输出至 1 个总的直流汇流柜，由此连至逆变器 SG500KTL，共计汇流箱 120 个。

多晶硅组件每个方阵配汇流箱 7 个，7 个汇流箱输出至 1 个总的直流汇流柜，由此连至逆变器 SG500KTL，共计汇流箱 56 个。

总计需要 16 路汇流箱 176 个。

直流汇流箱可选用 JNHL-16，主要技术参数见表 6-16。

1）户外壁挂式安装，防水、防锈、防晒，满足室外安装使用要求。

2）可同时接入 16 路光伏电池阵列，每路光伏电池阵列的最大允许电流为 10A。

3）光伏电池阵列的最大开路电压值为 900V。

4）每路光伏电池阵列配有光伏专用高压直流熔断器进行保护，其耐压值为 1000V。

5）直流输出母线的正极对地、负极对地、正负极之间配有光伏专用高压防雷器。

6）直流输出母线端配有可分断的直流断路器。

7）汇流箱内部配有光伏电池组串监控单元，通过霍尔电流传感器，实时监测光伏电池组串的电流参数和电压参数，具有电流监控及报警功能，并配有 RS485 通信接口。

表 6-16 汇流箱 JNHL-16 的主要技术参数

最大光伏电池阵列电压/V	DC 1000
最大光伏电池阵列并联输入路数	16
每路熔断器额定电流（可更换）/A	10/12/16
输出端子大小	PG21
防护等级	IP65
环境温度/℃	-25～60
环境湿度	0～99%

宽/mm×高/mm×深/mm	600×500×180
重量/kg	27
直流总输出空开	是
光伏专用防雷模块	是
串列电流监测	是
防雷器失效监测	是
通信接口	RS-485

2. 直流配电柜选型

本任务使用的直流防雷配电柜支持 8～10 路，每路 DC 630V、150A 输入，1 路输出。每个配电单元都具有可分断的直流断路器、防反二极管和防雷器。

直流配电柜的主要性能特点如下。

1）每台 500kW 逆变器匹配 1 台直流配电柜。

2）每台直流配电柜可提供多路直流输入接口，分别与光伏电池阵列汇流箱连接。

3）每路直流输入回路配有防反二极管。

4）每路直流输入回路配有直流断路器，额定直流电压为 1000V。

5）直流输出回路配置光伏专用防雷器。

6）直流输出侧配置电压显示仪表。

7）柜体尺寸（$W×D×H$）：600mm×800mm×2180mm。

8）接线方式为下进下出。

3. 逆变器选择

逆变器选择 SG500KTL 并网逆变器，其技术参数见表 6-17。

表 6-17　SG500KTL 并网逆变器

	额定功率/kW	500
直流输入	最大直流输入功率/kW	550
	最大阵列开路电压/V	900
	最大直流输入电流/A	1200
	MPPT 电压范围/V	450～820
交流输出	额定交流输出功率/kW	500
	最大交流输出功率/kW	500
	最大交流输出电流/A	1176
	工作电压范围/V±%	250～362
	工作频率范围/Hz±%	47～51.5/57～61.5
	最大逆变效率	98.5%（无变压器、欧洲效率）
	功率因数	0.95（超前）～0.95（滞后）
	并网电流总谐波畸变率	<3%（额定功率时）
	夜间自耗电/W	<100

保护功能	过/欠电压保护	（有/无）	有
	防孤岛保护	（有/无）	有
	过流保护	（有/无）	有
	防反放电保护	（有/无）	有
	极性反接保护	（有/无）	有
	过载保护	（有/无）	有
电气绝缘性能	直流输入对地/MΩ		18.2
	直流与交流之间（限于带工频隔离变压器产品）/MΩ		77.9
	交流输出对地/MΩ		55
其他	自动投运条件		直流输入及电网符合要求，逆变器自动投入运行
	断电后自动重启时间/min		5（可调）
	保护功能		正负极反接保护、短路保护、过载保护、孤岛效应保护、电网过欠电压保护、电网过欠频保护、过热保护、接地故障保护等
	通信接口		RS-485（标配），以太网（选配）
	使用环境温度/℃		-25～55
	使用环境湿度		0～95%，无冷凝
	使用海拔高度/m		6000（超过3000m需降额使用）
	冷却方式		风冷
	防护等级		IP20（室内）
	尺寸（宽/mm×高/mm×深/mm）		2800×2180×850
	重量/kg		2288
	平均无故障间隔时间（MTBF）/h		>50000
	平均故障修复时间（MTTR）/h		<12

4. 交流配电柜

本任务交流配电柜按照500kW容量进行设计，支持1路500kW输入，设置交流接触器及过电压保护单元，汇流后单路输出。

5. 高压汇流保护柜及高压并网柜

本任务中光伏发电系统以110kV电压等级接入电网，作为并网前的保护装置，高压汇流保护柜设置了真空断路器以应对过电压及过电流保护。高压并网柜设置真空断路器、多功能电能计量表及隔离开关。

6. 升压变压器

本任务选用节能型干式变压器，根据逆变器输出电压，其变比为270V/10kV，分裂式副边双绕组，容量选用1000kVA。

6.3.3 光伏电站测量及监控系统

【任务说明】

对大型并网光伏发电系统而言，电池组件、电气设备较多，布置也很分散，因此需要设置必要的数据监控系统，对光伏发电系统的设备运行状况、实时气象数据进行监测与控制，确保光伏电站在有效和便捷的监控下稳定可靠地运行。本节主要学习光伏电站测量及监控系统的配置方法。

【任务实施】

1. 发电计量仪表配置及仪表类型

光伏发电系统中所有计量表均是具备 RS-485 接口的多功能电子计量表。为了实现对系统发电信息的全面掌控，系统发电计量分低压侧和高压侧计量，低压侧计量表安装在交流配电柜至升压变压器之间，用于测量交流汇流后的输出电能信息。高压侧计量表安装在高压开关柜内，用于测量系统升压后的输出电能信息。所有测量数据经 RS-485 接口发送到系统 GPRS 模块，后由 GPRS 模块无线传输到监控终端计算机，系统在项目地室内配置 1 台 54in 液晶显示器用于实时显示系统状态信息。另外，为了满足远程监控的要求，由系统 GPRS 模块将系统运行等信息发送至电力监控室。

2. 系统数据采集及监控

系统数据采集及监控包括一套完整的数据采集和监控设备及措施。首先，系统配置 1 台 NR-01 型环境监测仪，用于采集环境温度、风向风速、环境湿度、太阳能辐射瞬时值及日累计值等数据。另外每台逆变器配置一套检测装置，用于采集光伏电池阵列的电压、电流、温度，逆变器输出电压电流及功率，系统日发电量及系统累计发电量等数据。所有这些数据均通过系统 GPRS 模块无线发送到系统监控终端，系统监控终端采用的监控装置包括监控主机、监控软件和显示设备。本系统采用高性能工业控制计算机作为系统的监控主机，配置光伏并网发电系统多机版监控软件，采用 RS-485 通信方式，可以实时获取所有并网逆变器的运行参数和工作数据，并对外提供以太网远程通信接口。

工控机具有嵌入式低功耗 Pentium M 处理器，CRT/LVDS 接口，以太网接口，RS-232/RS-485 接口，USB 2.0 端口，512MB 内存及 80GB 硬盘。工控机和光伏并网逆变器之间的通信采用 RS-485 总线通信方式。

3. 光伏并网发电系统的网络版监控软件（SPS-PVNET）

SPS-PVNET 的功能如下。

1）实时显示光伏电站的当前发电总功率、日总发电量、累计总发电量、累计 CO_2 总减排量以及每天发电功率曲线图。

2）可查看每台逆变器的运行参数，主要包括（但不限于）：直流电压、直流电流、交流电压、交流电流、逆变器机内温度、时钟、频率、当前发电功率、日发电量、累计发电量、累计 CO_2 减排量、每天发电功率曲线图。

3）监控所有逆变器的运行状态，采用声光报警方式提示设备出现故障，可查看故障原因及故障时间，监控的故障信息至少包括：电网电压过高、电网电压过低、电网频率过高、电网频率过低、直流电压过高、逆变器过载、逆变器过热、逆变器短路、逆变器孤岛、DSP 故障、通信失败。

4）监控软件具有集成环境监测功能，主要包括日照强度、风速、风向和环境温度。

5）可每隔 5min 存储一次电站所有运行数据，包括环境数据、故障数据等。

6）可连续存储 20 年以上电站所有的运行数据和所有的故障纪录。

7）可提供中文和英文两种语言版本。

8) 主机同时提供对外的数据接口，即用户可以通过网络方式，异地实时查看整个发电系统的实时运行数据以及历史数据和故障数据。

9) 显示单元可采用大液晶电视，具有良好的展示效果。

综合以上分析，该10MW并网光伏电站的设备配置见表6-18。

表6-18　设备配置

序　号	名　　称		型号规格	单　位	数　量
1	单晶硅光伏组件		265Wp(50.2V)	块	22752
2	多晶硅光伏组件		285Wp(35.8V)	块	14144
3	光伏支架系统		铝合金钢结构	Wp	10060.32
4	光伏防雷汇流箱		JNZHL-16	台	176
5	直流防雷配电柜		JNZP-500	台	20
6	交流防雷配电柜		JNJP500	台	20
7	10kV交流汇流柜		1000kVA	台	10
8	逆变器		SG500KTL	台	20
9	逆变器输出变压器		0.27kV/10kV 1000kVA	台	10
10	10kV变压器开关柜		10kV/100A	台	10
11	10kV汇流柜、保护柜		10kV/1000A	台	2
12	10kV电容器柜			台	1
13	升压变压器		10kV/110kV 10000kVA	台	1
14	110kV出线开关柜与保护柜		110kV/100A	台	2
15	计量显示屏		自制集成	块	1
16	监控装置	监控软件	自制集成	套	1
17		监控装置			
18		监控显示			
19	环境监测仪		SSYW-01	套	1
20	防雷接地系统			套	1
21	各电压等级电缆			套	1
22	辅材辅料			套	1
23	电站钢网围栏		高度2.5m	m	2515
24	厂房基建		钢构厂房	m²	832.5
25	备品备件			套	1

6.3.4　光伏电站经济性分析

【任务说明】

在光伏发电系统中，发生能量损耗的部件包括光伏电池阵列、直流导线、交流导线、逆变器、变压器等，如图6-20所示。本节主要学习光伏电站的系统效率及年发电量与减排效益的分析计算方法。

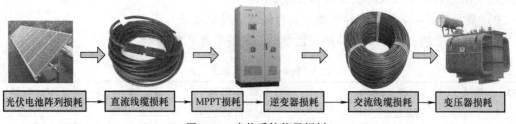

| 光伏电池阵列损耗 | → | 直流线缆损耗 | → | MPPT损耗 | → | 逆变器损耗 | → | 交流线缆损耗 | → | 变压器损耗 |

图 6-20　光伏系统能量损耗

【项目实施】

1. 系统效率确定

（1）光伏电池阵列损耗

光伏电池阵列损耗包括失谐损耗、倾斜角损耗、遮蔽损耗、温度损耗等内容。

1）失谐损耗。因为光伏电池组件的电流具有恒流性，组件串联后因"就小不就大"原则，即"木桶效应"，所以必须选择电流一致性好的组件串联，选择电压一致性好的串组再并联。

2）倾斜角损耗。其倾斜角一般在 10° 到 90° 的范围内，计算时输入的数据不准，或计算方式不精确，均易导致受光效率下降。同时还可能受到积尘、积雪等因素的影响。

3）遮蔽损耗。大型光伏电站内的光伏电池阵列因限于地形、建筑等可能导致部分组件被遮挡。在较长的电池组串中，如果某个电池被完全遮蔽，就没有了电压，但因其在组串内，还必须承载电流，本身有内阻，所以反而变成了负载，产生局部损耗和发热。通常消除遮蔽损耗的方法是将一定长度的电池用旁路二极管分成几部分。跨接在被遮蔽组件的二极管将该部分旁路隔离，这样可使电池串电压和电流按比例损失，不会损失更多的功率。

4）温度损耗。光伏电池组件的温度特性是温度越高，电压越低。一般，工作温度比参考温度每上升 1℃ ，光伏电池的电压就降低 0.5% 。

（2）MPPT 损耗

MPPT 最大功率跟踪存在一个寻找最大功率的过程，再完美的算法也不可能达到 100% 的最优。

（3）直流线缆损耗

直流侧电流较大，线缆损耗不可避免。减少这种损耗的方法是增大电缆的截面积（减小电缆电阻）和增加组串电池的数量（升高直流电压）。

（4）逆变器损耗

目前国内并网逆变器的效率一般为 92% ~97% 。以 1.5 元/kW·h 的电价计算，逆变器效率差 2% ，年发电量会减少 1.6% 。

（5）交流线缆损耗

交流线缆损耗与直流电缆损耗一样，解决方式也一样。

（6）变压器损耗

目前普通变压器的效率一般为 96% 。电站规模越大，其效率影响越大。

所以为提升整体电站的效率，应注重每个环节的损耗。除上述损耗外，还有光伏组件的表面清洁度以及所选用的无功补偿的效率等。一般全站效率范围在70%～90%。

上述10MW并网光伏电站由光伏电池组件、逆变器等组成，整个系统的效率和光伏电池组件的转换效率、逆变器效率、直流线缆损耗及交流线缆损耗有关，该电站系统效率估算为77.15%。

2. 电站年发电量与减排效益

依据该地区水平面辐照为4.45kW·h/m²/天，41°倾斜面上平均太阳辐射6.35kW·h/m²/天。已知单晶硅光伏电池阵列面积为38489.55m²，组件转换效率15.7%。

由此可得，单晶硅光伏电池阵列年发电量约为：

6.35kW·h/m²/天×38489.55m²×15.7%×365天×77.15%＝10805003.44kW·h

又已知多晶硅阵列面积27443.61m²，组件转换效率14.7%。

由此可得，多晶硅光伏电池阵列年发电量约为：

6.35kW·h/m²/天×27443.61m²×14.7%×365天×77.15%＝7213750.11kW·h

因此，该电站年发电量约为：

10805003.44kW·h＋7213750.11kW·h＝18016753.55kW·h，即1801.675万kW·h。

按照目前326g标煤/kW·h计算，年节煤量为：

326g标煤/kW·h×18016753.55kW·h＝5874.11t标煤

年减排CO_2为：

18016753.55kW·h×0.785g/kW·h＝14143.15t

6.4　本章练习

1. 观察及实测校园8kW光伏发电系统，分析光伏发电系统的可行性。

2. 设计一个2kW独立光伏发电系统（交/直流系统），并在2kW家用独立光伏发电系统中实施。

参 考 文 献

[1] 李安定. 太阳能光伏发电系统工程 [M]. 北京：化学工业出版社，2012.
[2] 李钟实. 太阳能光伏发电系统设计施工与维护 [M]. 北京：人民邮电出版社，2010.
[3] 王长贵，王斯成. 太阳能光伏发电实用技术 [M]. 北京：化学工业出版社，2009.
[4] 沈辉，曾祖勤. 太阳能光伏发电技术 [M]. 北京：化学工业出版社，2005.
[5] 赵争鸣，刘建政. 太阳能光伏发电及其应用 [M]. 北京：化学工业出版社，2005.
[6] 朴政国. 光伏发电原理、技术及其应用 [M]. 北京：机械工业出版社，2020.
[7] 杨金焕. 太阳能光伏发电应用技术 [M]. 北京：电子工业出版社，2017.
[8] 李安定，吕全亚. 太阳能光伏发电系统工程 [M]. 北京：化学工业出版社，2015.